厦门理工学院教材建设基金项目资助

软件工程综合实践案例教程

——电子商务网站产品销售数据分析系统

主 编 钟 瑛

副主编 朱顺痣 翁 伟 李建敏

U0216226

厦门大学出版社
XIAMEN UNIVERSITY PRESS

国家一级出版社
全国百佳图书出版单位

图书在版编目(CIP)数据

软件工程综合实践案例教程：电子商务网站产品销售数据分析系统/钟瑛主编.—厦门：厦门大学出版社，2018.5

ISBN 978-7-5615-6747-0

Ⅰ.①软…　Ⅱ.①钟…　Ⅲ.①软件工程—案例　Ⅳ.①TP311.5

中国版本图书馆 CIP 数据核字(2017)第 300452 号

出 版 人	郑文礼
责任编辑	眭　蔚
封面设计	蒋卓群
技术编辑	许克华

出版发行 厦门大学出版社

社　　址	厦门市软件园二期望海路 39 号
邮政编码	361008
总 编 办	0592-2182177　0592-2181406(传真)
营销中心	0592-2184458　0592-2181365
网　　址	http://www.xmupress.com
邮　　箱	xmup@xmupress.com
印　　刷	厦门市金凯龙印刷有限公司

开本	787mm×1092mm　1/16
印张	12.25
字数	300 千字
版次	2018 年 5 月第 1 版
印次	2018 年 5 月第 1 次印刷
定价	35.00 元

厦门大学出版社
微信二维码

厦门大学出版社
微博二维码

前　言

随着经济的快速发展,网上购物已经成为人们的一种生活习惯。人们在网上买衣服、买电脑、买手机……正因为看到如此大的商机,越来越多的企业建设了自己的电子商务网站。

大型电子商务平台年成交额可达数万亿元人民币,与之伴随的是大批量的数据,包括用户信息、订单信息、商家信息、物流信息等。如何从这些数据中提取出有价值的信息是一个巨大的挑战。许多电子商务平台采用了一种全新的大数据思维——运营数据。运营数据的主要思想是让大数据用好,产生价值。运营数据包括多维度看待大数据的价值,在用大数据的方法研究网络消费者时,并不仅仅简单地看其注册的个人信息、浏览信息、消费信息,还对具有相似信息的消费者进行族群划分,给用户推荐与他同类的人喜欢买的东西。

本书从案例介绍、软件需求分析、概要设计、详细设计、测试文档和用户手册介绍电子商务销售数据分析系统。具有以下几个优点:

- 内容全面。几乎覆盖了该系统从构思开发到系统使用说明的所有内容。

- 语言通俗易懂,讲解清晰,前后呼应。以最小的篇幅、最易读懂的语言来讲述每一项功能和每一个实例。

- 实例丰富,技术含量高,与实践紧密结合。每一个实例都倾注了作者的实践经验,每一项功能都经过技术认证。

- 版面美观,图例清晰,并具有针对性。每一个图例都经过作者精心策划和编辑。只要仔细阅读本书,就会发现从中能够学到很多知识和技巧。

本书的编写目的是帮助读者全面了解电子商务销售数据分析系统,学习该系统的使用。电子商务销售数据分析系统是基于 Java 的数据分析平台,其界面友好、人性化且易于操作,可快速查询并且能进行可视化的操作,拥有强大的管理分析功能。

本书的讲解循序渐进,操作步骤清晰明了,还针对一些关键的知识点介绍了其使用技巧及需要注意的问题,让读者在掌握各项操作的同时学习相关的技术精髓。这对学习和掌握该系统的操作是大有裨益的。

本书受到厦门理工学院教材建设基金项目资助。本书由厦门理工学院钟瑛任主编,朱顺痣、翁伟、李建敏任副主编。陈佳音、吴小龙、朱子恒、施润泽、陈晋、陈星垠、李鸿鑫、庄少波、李鑫源、许志峰、黄欣瑜、陈志坚、陈玮葭参与了项目开发,在此表示感谢。

由于时间仓促以及编者水平有限,书中不足与欠妥之处在所难免,欢迎广大读者批评指正,我们表示衷心的感谢。

作者
2018 年 3 月

目　录

第一章 案例介绍

1.1 案例背景

随着经济的快速发展，网上购物已经成为人们的一种生活习惯。人们在网上买衣服，买电脑，买手机，等等。正因为看到如此大的商机，越来越多的企业建设了自己的电子商务网站。

对于企业来讲，电子商务给它们带来了许多新的商机。第一，作为一种广为接受的销售方式，电子商务具备实体店难以比拟的优势，如种类丰富、方便查询、购物过程一气呵成，打破了时空限制等；第二，互联网的蓬勃发展把我们带入信息时代，数据是这个时代最有价值的资源，有了电子商务，企业就可以掌握大量的商品和客户数据，对这些数据进行科学分析，可以为企业决策提供可靠依据。例如，可以从用户的购买行为、商品评论等数据中挖掘用户的偏好，从而为用户提供个性化的商品推荐，引导客户消费；可以从店铺的销售情况、用户评价等数据中挖掘商家的经营情况，为商家提供引导和建议。但是，电子商务数据量十分庞大，更新快，种类丰富（评论、价格、图片、订单、物流），如何在这种大数据场景下进行有效分析，对于产业界或是学术界，都是一个巨大的挑战。2016 年阿里巴巴的电商平台成交额达3.092 万亿元人民币，与之伴随的是大批量的数据，包括用户信息、订单信息、商家信息、物流信息等。如何从这些数据中提取出有价值的信息对阿里巴巴来说是一个巨大的挑战。阿里巴巴并没有被这个挑战给打败，而是采用了一种全新的大数据思维——运营数据。运营数据的主要思想是让大数据用好，产生价值。运营数据包括多维度看待大数据的价值，阿里巴巴在用大数据的方法研究网络消费者时，并不仅仅简单地看其注册的个人信息、浏览信息、消费信息，还对具有相似信息的消费者进行族群划分，给用户推荐与他同类的人喜欢买的东西。

总结来说，大数据时代的电子商务平台应该从人出发，以用户数据为起点，那些能够帮助电商平台知道用户需求的数据才是大数据应用在电商平台最有价值的地方。

1.2 系统功能

系统功能如图 1-1 所示。

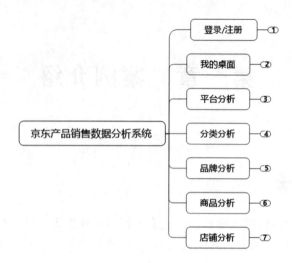

图 1-1   系统功能

1.3   案例基本需求

1.3.1   功能需求

1. 登录/注册(图 1-2)

【功能】用户输入正确用户名和密码,显示登录成功,跳转到主页面;用户输入错误用户名或者密码,则显示账号或密码错误。

图 1-2   登录/注册

2. 我的桌面(图 1-3)

【功能】显示平台的基本信息,根据数据显示热搜词云、本周商品排行前十、本周品牌排行前十、本周商店排行前十。

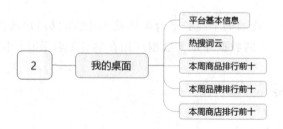

图 1-3   我的桌面

3. 平台分析(图 1-4)

(1)平台分析

【功能】能够通过指定时间范围,展示该时间范围内××电子商务平台的总销量及销售额走势。

【操作】设置起始时间和截止时间,点击查询按钮。

(2)热销分析

【功能】热销分析分为三部分:

第一,热销品牌(本周销量靠前品牌)统计,展示平台上热销品牌的本周销量排行(品牌前七天销量总和排行)以及昨日销量排行。

第二,热销商品(本周销量靠前商品)统计,展示平台上热销商品的本周销量排行(商品前七天销量总和排行)以及昨日销量排行。

第三,热销店铺(本周销量靠前店铺)统计,展示平台上热销店铺的本周销量排行(店铺前七天销量总和排行)以及昨日销量排行。

【操作】点击菜单栏平台分析,菜单展开后点击热销分析。

图 1-4　平台分析

4. 分类分析(图 1-5)

【功能】分类分析分为六块:

(1)对指定时间范围内,展示选定分类的总销量和总销售额。

(2)已选分类每日销量(条形图)与销售额(折线图)变化趋势。

(3)已选分类热销品牌排行:包含该分类的品牌的销量排行,用横向条形图表示排行。

(4)已选分类热销店铺排行:包含该分类的店铺的销量排行,用横向条形图表示排行。

(5)已选分类商品各个价格区间销售情况:对已选分类商品的各个价格区间统计销量后用条形图展示出来。

(6)已选分类热销商品排行:已选分类商品销量进行排名后,用横向条形图显示出来。

【操作】用户通过一、二、三级分类限定所选分类商品使用功能(2)~(6),通过选定时间范围使用功能(1)。

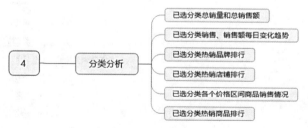

图 1-5　分类分析

5. 品牌分析(图 1-6)

【功能】品牌分析分为两部分:

(1)关注列表:列表信息包括品牌、昨日销量、昨日销售额、取消关注(点击可取消对该商品的关注),商品按昨日销量进行降序排序。

图 1-6　品牌分析

品牌详情页主要内容(图 1-7):

①总销量(条形)和营业额(折线)变化趋势:通过选择时间范围可查询总销量和营业额变化趋势,结果用条形图和折线图表示出来。

②品牌销售地区分布:显示出一幅带省份名称的中国地图,当鼠标移至××省(自治区、直辖市)时,可对应显示该品牌在该省(自治区、直辖市)的销量和销售额。

③会员比重、品牌印象、评价比重(分为好评、中评、差评):三者使用扇形图表示出来,鼠标移至对应扇形区域时,显示对应扇形百分比。

④各个价格区间内所包含商品种类个数:结果使用条形图进行显示。

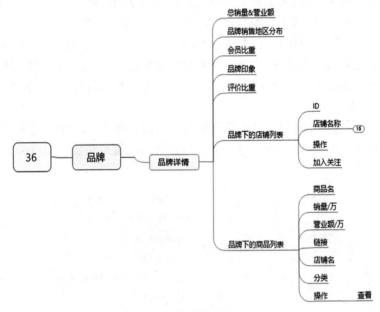

图 1-7　品牌详情分析

⑤品牌下的商品列表:列表信息包含商品名(带超链接,超链接可转到对应商品页面)、销量、营业额、链接、店铺名、分类、加入/取消关注(点击可加入或取消关注,具体看用户是否有关注该商品),商品可按销量或营业额降序。

⑥品牌下的店铺列表:列表信息包含店铺 ID、店铺名(带超链接,超链接可转到对应店铺页面)、加入/取消关注(点击可加入或取消关注,具体看用户是否有关注该店铺)。

店铺页面主要内容(图 1-8):

①店铺销售情况列表:列表信息包括店铺名、店铺昨日销量、昨日销售额,以及加入关注或取消关注(具体看用户是否已经关注了该店铺)。

②店铺七天销量、销售额变化:包括前七天店铺销量(条形)和销售额(折线)变化趋势,结果用条形图和折线图表示。

③店铺中品牌销售情况排行(可选择根据销量或销售额):结果使用横向条形图表示。

④店铺中商品排行(可选择根据销量或销售额):结果用横向条形图表示。

⑤店铺会员等级比例和店铺流量来源比例:结果用扇形图来表示,鼠标移至扇形区域时,会浮现该扇形区域所占百分比。

⑥店铺销售地区分布:显示出一幅带省份名称的中国地图,当鼠标移至××省(自治区、直辖市)时,可对应显示该店铺在该省(自治区、直辖市)的销量和销售额。

⑦各个价格区间内所包含商品种类个数:结果用条形图显示。

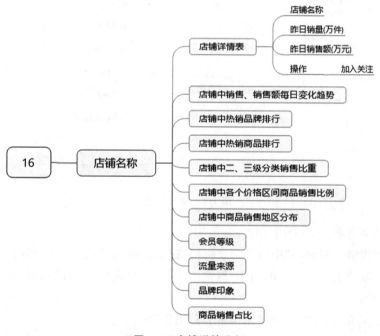

图 1-8　店铺详情分析

(2)品牌列表:用表格进行显示,按销量降序排序,品牌名称带超链接可直接进入品牌详情页。

6. 商品分析

【功能】商品分析包括两部分:

(1)关注列表:关注列表包含所有添加关注了的商品,其中列表信息包括商品名(点击可跳转到商品详情)、商品单价、总评价数、昨日销量、昨日销售额、取消关注(点击可取消对该商品的关注),商品按昨日销量进行降序排序。

（2）商品列表：其中列表信息包括商品名称(点击可跳转到商品详情)、商品单价、总评价数、昨日销量、昨日销售额、加入/取消关注(点击可加入/取消对该商品的关注),商品按昨日销量进行降序排序。

商品分析的功能需求如图 1-9 所示。

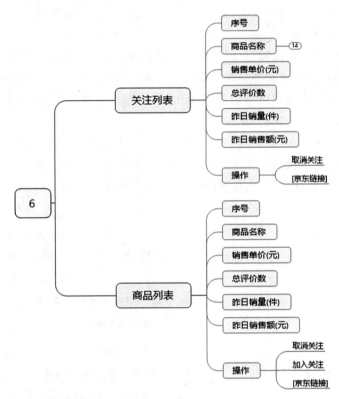

图 1-9　商品分析

商品详情页主要内容(图 1-10)：

①商品销售情况列表：其中列表信息包括商品名、商品单价、总评价数、昨日销量、昨日销售额、加入/取消关注(点击可加入/取消对该商品的关注),商品按昨日销量进行降序排序。

②选择时间范围,可查看商品总销量和总销售额。

③销量、销售单价、销售额前七天变化：销量用条形图表示,销售额和销售单价用折线图表示,三者显示在同一个坐标轴里。

④商品销售地区分布：显示出一幅带省份名称的中国地图,当鼠标移至××省(自治区、直辖市)时,可对应显示该商品在该省(自治区、直辖市)的销量和销售额。

⑤会员比重、流量来源：二者使用扇形图表示出来,鼠标移至对应扇形区域时,显示对应扇形区域所占百分比。

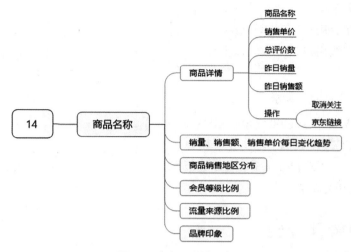

图 1-10　商品详情分析

7. 店铺分析

【功能】店铺分析分为两部分(图 1-11)：

(1)关注列表：店铺按销量降序排列,列表信息包括品牌名称(带超链接,可以直接进入店铺详情页面)、昨日销量、昨日销售额、取消关注(点击可取消对该店铺的关注)。

(2)店铺列表：店铺按销量降序排列,列表信息包括品牌名称(带超链接,可以直接进入店铺详情页面)、昨日销量、昨日销售额、取消/加入关注(点击可取消/加入对该店铺的关注)。

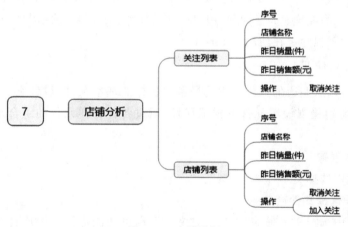

图 1-11　店铺分析

1.3.2　性能需求

1. 时间需求

登录响应时间 5 秒以内。

页面之间跳转时间不超过 3 秒。

平均时间 3～5 秒。

2. 系统容量需求

静态用户(注册用户)在 6000 以上。

动态用户(在线用户)在 1800 以上。

并发数 500 以上。

1.3.3 运行环境需求

操作系统:Windows 2000/2003/XP/Vista/7/8/10。

网络协议:TCP/IP 协议。

浏览器:Internet Explorer 6.0 及以上版本。

数据库:MYSQL5.7。

1.4 原型软件介绍

1.4.1 软件基本介绍

Axure RP 是一个专业的快速原型设计工具,其中 Axure 代表美国 Axure 公司,RP 则是 rapid prototyping(快速原型)的缩写。

Axure RP 是美国 Axure Software Solution 公司旗舰产品,是一个专业的快速原型设计工具,让负责定义需求和规格、设计功能和界面的专家能够快速创建应用软件或 Web 网站的线框图、流程图、原型和规格说明文档。作为专业的原型设计工具,它能快速、高效地创建原型,同时支持多人协作设计和版本控制管理。

Axure RP 已被一些大公司采用。Axure RP 的使用者主要包括商业分析师、信息架构师、可用性专家、产品经理、IT 咨询师、用户体验设计师、交互设计师、界面设计师等。另外,架构师、程序开发工程师也在使用 Axure RP。

1.4.2 基本使用

打开软件,可以从左边的元件库中选择各种各样的基本元件,设计它们的大小位置,点击元件,可以在右边检视设置元件的样式属性,通过各种各样元件的组合来设计出想要的原型。

1. 设置文本框输入密码

文本框属性中选择文本框的"类型"为"密码"(图 1-12)。

2. 设置打开选择文件窗口

文本框属性中选择文本框的"类型"为"文件",即可在浏览器中变成打开选择本地文件的按钮(图 1-13)。该按钮样式各浏览器略有不同。

3. 限制文本框输入字符位数

在文本框属性中输入文本框的"最大长度"为指定长度的数字(图 1-14)。

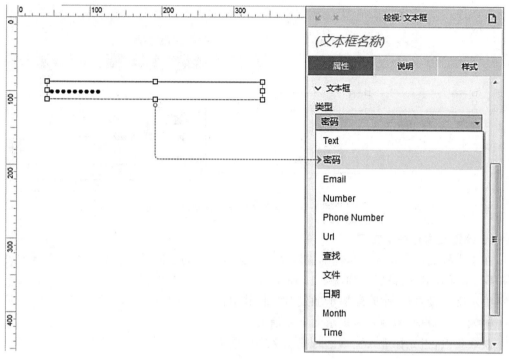

图 1-12　设置文本框输入密码

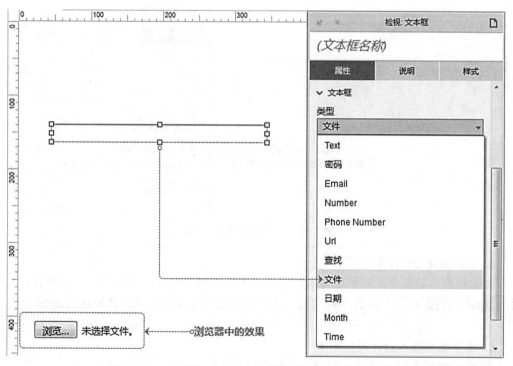

图 1-13　打开本地文件按钮

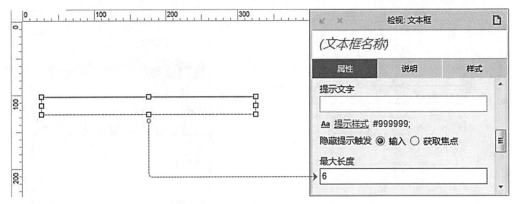

图 1-14 指定文本框字符长度

4. 设置文本框提示文字

在文本框属性中输入文本框的提示文字。提示文字的字体、颜色、对齐方式等样式可以点击【提示样式】进行设置。如图 1-15 所示。

提示文字设置包含"隐藏提示触发"选项，其中：

输入：指用户开始输入时提示文字才消失。

获取焦点：指光标进入文本框时提示文字即消失。

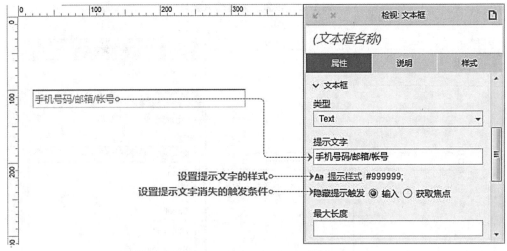

图 1-15 设置文本框提示字符

5. 设置文本框回车触发事件

文本框回车触发事件是指在文本框输入状态下按回车键，可以触发某个元件的【鼠标单击时】事件。只需在文本框属性中"提交按钮"的列表中选择相应的元件即可。如图 1-16 所示。

6. 设置鼠标移入元件时的提示

在文本框属性中"元件提示"中输入提示内容即可。如图 1-17 所示。

7. 设置矩形为其他形状

在画布中点击矩形右上方"圆点"图标即可打开形状列表，设置为其他形状。如图 1-18 所示。

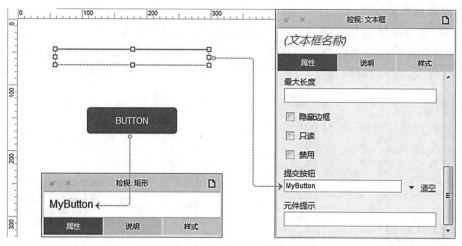

图 1-16 设置文本框事件

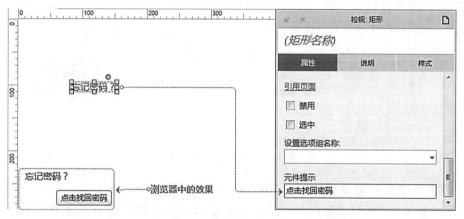

图 1-17 设置提示信息

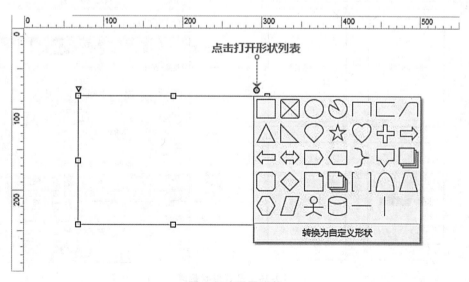

图 1-18 设置形状

8. 设置自定义形状

在形状上点击鼠标右键,在菜单中选择【转换为自定义形状】,即可对形状进行编辑。也可以通过点击形状右上角的"圆点"图标,在打开的形状选择列表中选择【转换为自定义形状】(图 1-18)。具体的编辑操作见图 1-19 中的标注。

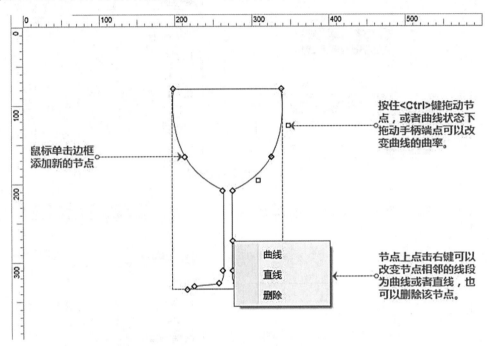

图 1-19　设置自定义形状

9. 设置形状水平/垂直翻转

在形状的属性中可以对形状进行【水平翻转】和【垂直翻转】的操作。如图 1-20 所示。

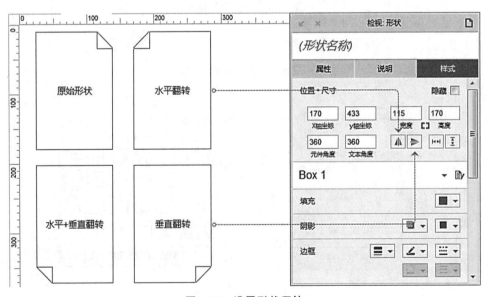

图 1-20　设置形状翻转

10. 设置列表框的内容

下拉列表框与列表框都可以设置"内容"→"列表项"。可以通过【属性】→【列表项】的选项来设置,也可以通过鼠标双击元件进行设置。如图 1-21 所示。

图 1-21　设置列表框内容

1.5　原型的实现

系统原型如图 1-22 所示。

图 1-22　系统原型

1.5.1　原型基本框架的实现步骤

第一步:设置标题栏(图 1-23)。

先画一个矩形,然后把三个文字放在上面,接着加一个图片,然后设置它的点击事件,点击的时候显示"个人信息/切换用户/退出"这一栏(默认是隐藏的)。

图 1-23　标题栏

第二步:设置菜单栏(图 1-24)。

先把所有的文字跟矩形制作出来,然后设置各个点击事件,并且转化动态面板,能够实现点击隐藏和显示,并且有动画效果。如图 1-25 所示。

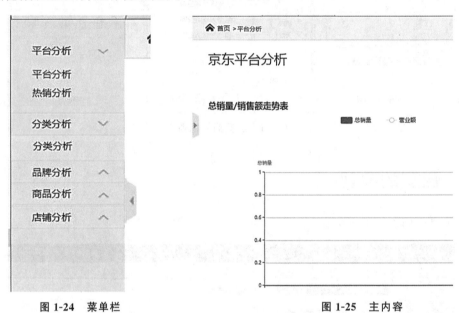

图 1-24　菜单栏　　　　　　　　　　　　**图 1-25　主内容**

第三步:热搜词云的实现。

先用文本框写出数据,然后设置它的鼠标悬停事件,显示它的具体信息还有阴影效果即可。如图 1-26 所示。

图 1-26　热搜词云实现

1.5.2 各个界面的截图

1. 登录注册页面

如图 1-27 所示。

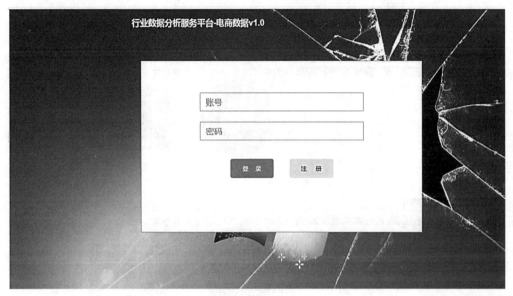

图 1-27 登录注册页面

2. 我的桌面

如图 1-28 所示。

图 1-28 我的桌面

3. 热销分析

如图 1-29、图 1-30 所示。

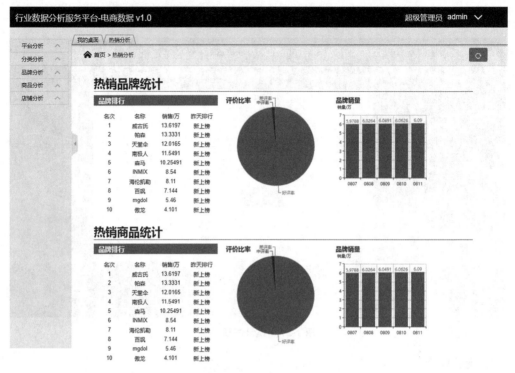

图 1-29　热销分析-1

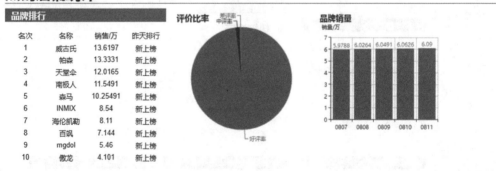

图 1-30　热销分析-2

4. 平台分析

如图 1-31 所示。

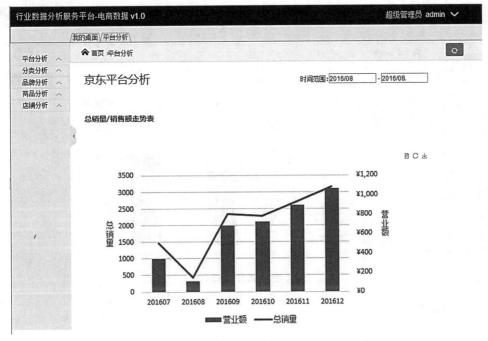

图 1-31　平台分析

5. 品牌分析

如图 1-32 所示。

图 1-32　品牌分析

6. 具体品牌分析

如图 1-33 所示。

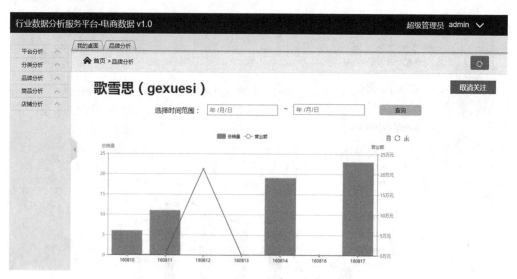

图 1-33　具体品牌分析

7. 品牌店铺分析

如图 1-34、图 1-35 所示。

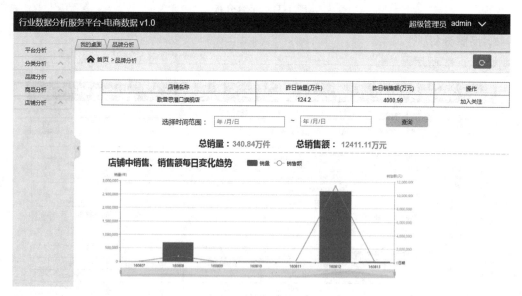

图 1-34　品牌店铺分析-1

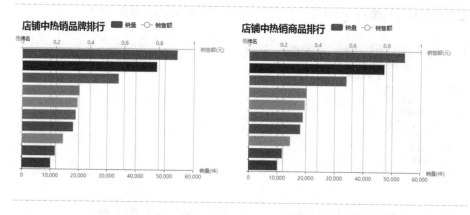

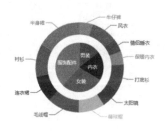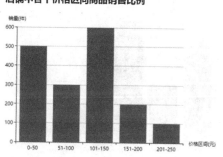

图 1-35　品牌店铺分析-2

8. 分类分析

如图 1-36、图 1-37 所示。

图 1-36　分类分析-1

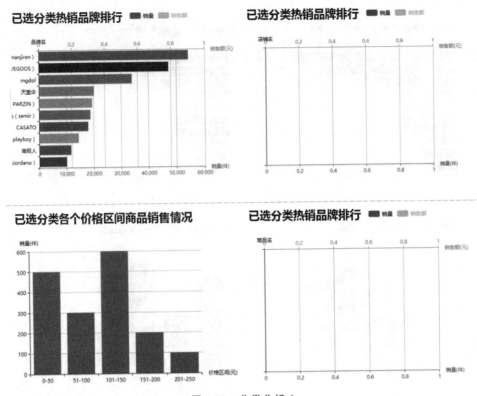

图 1-37　分类分析-2

9. 商品分析

如图 1-38 所示。

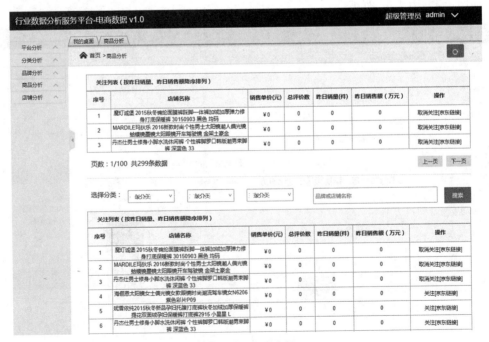

图 1-38　商品分析

10. 商品详情分析

如图 1-39、图 1-40 所示。

图 1-39　商品详情分析-1

品牌印象

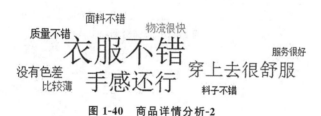

图 1-40　商品详情分析-2

11. 店铺分析

如图 1-41、图 1-42 所示。

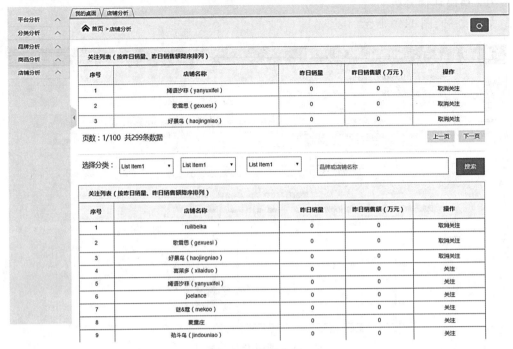

平台分析
分类分析
品牌分析
商品分析
店铺分析
我的桌面
店铺分析
首页 >店铺分析
关注列表（按昨日销量、昨日销售额降序排列）
序号 店铺名称 昨日销量 昨日销售额（万元） 操作
1 嫣语汐菲（yanyuxifei） 0 0 取消关注
2 歌雪思（gexuesi） 0 0 取消关注
3 好景鸟（haojingniao） 0 0 取消关注
页数：1/100 共299条数据
上一页
下一页
选择分类：
List Item1
List Item1
List Item1
品牌或店铺名称
搜索
关注列表（按昨日销量、昨日销售额降序排列）
序号 店铺名称 昨日销量 昨日销售额（万元） 操作
1 ruilibeika 0 0 取消关注
2 歌雪思（gexuesi） 0 0 取消关注
3 好景鸟（haojingniao） 0 0 取消关注
4 喜莱多（xilaiduo） 0 0 关注
5 嫣语汐菲（yanyuxifei） 0 0 关注
6 joelance 0 0 关注
7 谜&蔻（mekoo） 0 0 关注
8 麦童庄 0 0 关注
9 劲斗鸟（jindouniao） 0 0 关注

图 1-41 店铺分析-1

7 谜&蔻（mekoo） 0 0 关注
8 麦童庄 0 0 关注
9 劲斗鸟（jindouniao） 0 0 关注
10 雅兰芬（yalanfen） 0 0 关注
页数：1 / 2100 共 21005 条数据
首页
上一页
下一页
末页

图 1-42 店铺分析-2

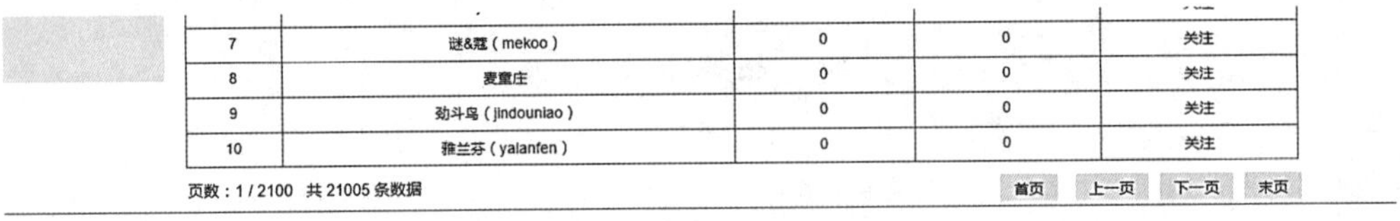

第二章　软件项目的需求

2.1　软件项目需求概述

2.1.1　功能需求

该系统收集的数据向用户进行展示(例如,以柱状图、条形图、折线图等形式),用户登录系统(成功后),点击对应的五个分析功能选项卡(平台分析、分类分析、品牌分析、商品分析、店铺分析),由该系统进行资源数据的整合处理分析,以图表化展示对应的数据。该系统采用 B/S 架构,支持 PC 端、移动设备端。

2.1.2　功能规划

登录功能:用户可以进行登录和注册操作。

用户管理功能:登录成功用户可以修改个人信息,切换主题色,切换账号及退出。

分析功能:根据展示页面的不同分为平台分析、分类分析、品牌分析、商品分析、店铺分析五个选项卡,点击对应选项卡,在系统主页面以图表形式显示数据结果。

2.1.3　功能介绍

1. 登录功能

(1)登录。用户输入已注册的"用户名"和"密码",点击"登录"按钮,提示登录成功,进入主界面。若登录失败,提示错误信息。

(2)注册。用户填写"邮箱"或"手机号",填写注册的"账号"(提示可以直接使用邮箱或者手机号作为账号)和"密码",完成注册。

用户登录流程如图 2-1 所示。

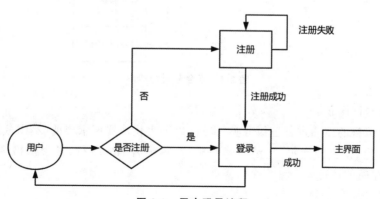

图 2-1　用户登录流程

2. 用户管理功能

(1)个人信息。查看、编辑个人信息,如邮箱、手机号等。

(2)切换账号。切换账号,重新进行用户登录操作。

(3)退出。退出当前账号,重新进行用户登录操作。

用户管理操作如图 2-2 所示。

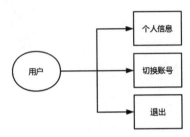

图 2-2　用户管理操作

3. 分析功能

(1)平台分析(图 2-3)

①平台分析

选择时间范围(以天为单位),对某电子商务平台进行总销量和销售额分析,可以切换数据视图,刷新数据,保存为图片。

②热销分析

对热销的品牌、商品、店铺(本周截止到今日)的销售量进行排名,评价比率和品牌销量以图表展示。

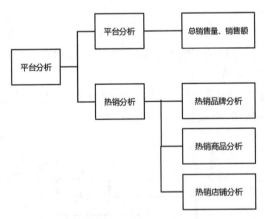

图 2-3　平台分析功能

(2)分类分析(图 2-4)

根据电商销售的商品进行三级分类、筛选,以图表化形式展示当前(本周截止到今日)选择分类的销售量、销售额走势、热销品牌的排行、热销店铺的排行、各个价格区间的销售情况,以及热销商品的排行。

(3)品牌分析(图 2-5)

引导用户进行商品品牌的选择,选定品牌后展示昨日销量、销售额等。

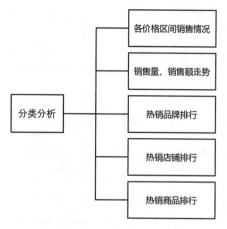

图 2-4　分类分析功能

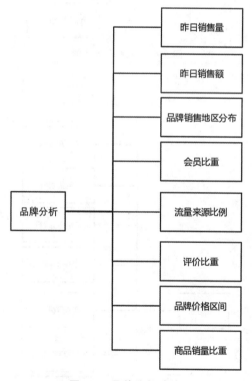

图 2-5　品牌分析功能

（4）商品分析（图 2-6）

引导用户进行商品的选择，选定商品后展示单价、总评价数、昨日销量、昨日销售额。可以设置三级类别筛选和搜索栏以提高用户体验。

（5）店铺分析（图 2-7）

引导用户进行商品店铺的选择，选定店铺后展示昨日销量、昨日销售额等。

图 2-6 商品分析功能

图 2-7 店铺分析功能

2.2　系统角色分析

角色或者执行者(actor)是指与系统产生交互的外部用户或者外部系统。本系统的使用角色为超级管理员。

超级管理员可以完成网上注册和登录、账号管理、平台分析、热销分析、分类分析等功能。

2.3　用例图介绍

2.3.1　用例图使用说明

用例图是指由参与者(actor)、用例(use case)、边界以及它们之间的关系构成的用于描述系统功能的视图。用例图是外部用户(称为参与者)所能观察到的系统功能的模型图。

【用途】用例图呈现了一些参与者、用例,以及它们之间的关系,主要用于对系统、子系统或类的功能行为进行建模,帮助开发团队以一种可视化的方式理解系统的功能需求。

用例图所包含的元素如下:

1. 参与者

参与者表示与应用程序或系统进行交互的用户、组织或外部系统。用一个小人表示,如图 2-8 所示。

图 2-8　参与者

2. 用例

用例就是外部可见的系统功能,对系统提供的服务进行描述。用椭圆表示,如图 2-9 所示。

图 2-9　用例

3. 子系统

子系统(subsystem)用来展示系统的一部分功能,这部分功能联系紧密。如图 2-10 所示。

4. 关系

用例图中涉及的关系有关联、泛化、包含、扩展。见表 2-1。

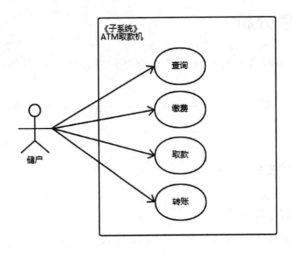

图 2-10　子系统

表 2-1　用例图中涉及的关系

关系类型	说明	表示符号
关联	参与者与用例之间的关系	——————————→
泛化	参与者之间或用例之间的关系	——————————▷
包含	用例之间的关系	«包括» - - - - - - - - →
扩展	用例之间的关系	«扩展» - - - - - - - - →

（1）关联（association）

关联表示参与者与用例之间的通信，任何一方都可发送或接收消息。如图 2-11 所示。

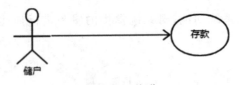

图 2-11　关联

【箭头指向】指向消息接收方。

（2）泛化（inheritance）

泛化就是通常理解的继承关系，子用例和父用例相似，但表现出更特别的行为；子用例将继承父用例的所有结构、行为和关系。子用例可以使用父用例的一段行为，也可以重载它。父用例通常是抽象的。如图 2-12 所示。

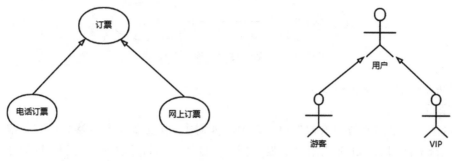

图 2-12　泛化

【箭头指向】指向父用例。

（3）包含（include）

包含关系用来把一个较复杂用例所表示的功能分解成较小的步骤。如图 2-13 所示。

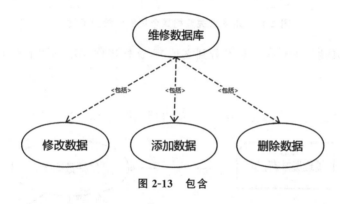

图 2-13　包含

【箭头指向】指向分解出来的功能用例。

（4）扩展（extend）

扩展关系是指用例功能的延伸，相当于为基础用例提供一个附加功能。如图 2-14 所示。

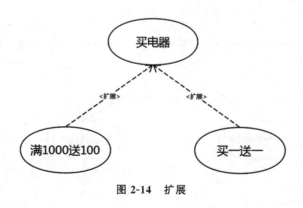

图 2-14　扩展

【箭头指向】指向基础用例。

（5）依赖（dependency）

依赖关系，用带箭头的虚线表示，表示源用例依赖于目标用例。如图 2-15 所示。

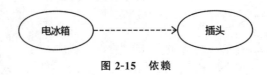

图 2-15 依赖

【箭头指向】指向被依赖项。

5. 项目

用例图虽然是用来帮助人们形象地理解功能需求，但没多少人能够看懂它。很多时候跟用户交流甚至用 Excel 都比用例图强，引入"项目"(artifact)这样一个元素，以便让开发人员能够在用例图中链接一个普通文档。

用依赖关系把某个用例依赖到项目上，如图 2-16 所示。

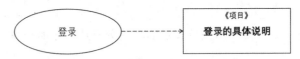

图 2-16 用依赖关系把某个用例依赖到项目上

然后把项目属性的 Hyperlink 设置到文档上，这样当你在用例图上双击项目时，就会打开相关联的文档。

6. 注释

为用例图添加适当的注释(comment)，使得用例图更加具有可读性。如图 2-17 所示。

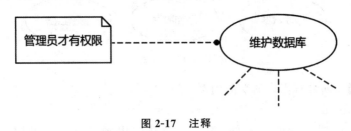

图 2-17 注释

图 2-18 为一个用例图。

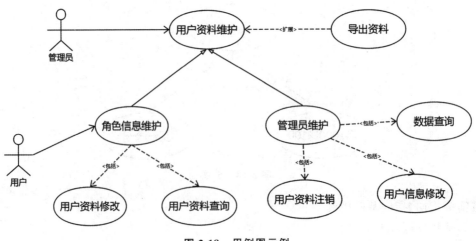

图 2-18 用例图示例

2.3.2 系统用例图

本系统仅允许超级管理员账号登录使用。系统用例图如图 2-19 所示。

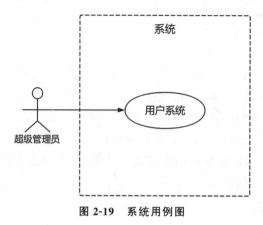

图 2-19 系统用例图

2.4 系统用例图详解

用户系统用例图如图 2-20 所示,其功能分为我的桌面、账号管理、平台分析、热销分析、分类分析、品牌分析、商品分析、店铺分析。以下是每个功能的详细介绍。

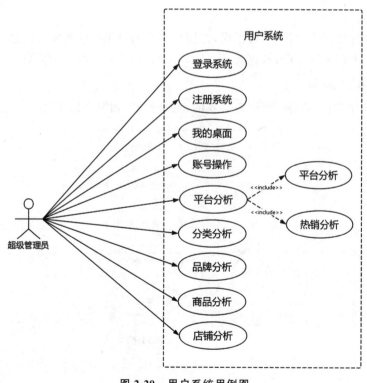

图 2-20 用户系统用例图

2.4.1 登录系统

角色:超级管理员。

目的:用户登录系统。

前置条件:用户身份为超级管理员。

用例描述:

(1)用户进入系统首页。

(2)首页提示用户输入"用户名"和"密码"。

(3)用户输入"用户名"和"密码",点击"登录"。

(4)系统检查是否有此用户信息,若存在此用户,显示"成功登录"并自动进入用户系统界面;若不存在此用户,本页面显示相应的错误信息,点击弹窗上的"确定",则返回系统首页,并重新填写"账号"和"密码"。

2.4.2 注册系统

角色:超级管理员。

目的:用户注册。

用例描述:

(1)用户进入系统首页。

(2)用户点击"注册",进入注册界面。

(3)注册界面中显示邮箱(或手机号码)、用户名、密码,用户输入邮箱(或手机号码)、用户名、密码,点击"注册"。

(4)系统检查是否填写正确,若错误,则用户本页面显示相应的错误信息,点击弹窗上的"确定",则允许重新进行注册;若正确,则显示"注册成功"并返回系统首页。

2.4.3 我的桌面

我的桌面帮助用户了解平台信息。我的桌面用例图如图 2-21 所示。

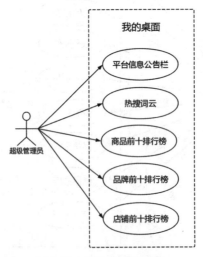

图 2-21 我的桌面用例图

角色:超级管理员。

目的:帮助用户了解平台信息。

用例描述:

(1)用户进入系统首页。

(2)系统自动显示我的桌面界面。

(3)我的桌面显示平台基本信息、热搜词云(统计上周的搜索情况,显示搜索最多的词)、本周商品前十排行榜(以上周总销售额为基准)、本周品牌前十排行榜(以上周总销售额为基准)、本周店铺前十排行榜(以上周总销售额为基准),榜上的商品/品牌/店铺还应显示上升或下降名次(与上次排行榜名次相比)。

2.4.4　账号操作

账号操作系统主要用于设置账号信息,超级管理员能查看和修改个人信息,进行账号切换和退出系统功能。账号操作用例图如图 2-22 所示。

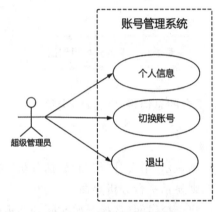

图 2-22　账号操作用例图

角色:超级管理员。

目的:用户管理账号。

用例描述:

(1)用户进入用户系统首页。

(2)系统在右上角显示"用户名",用户将鼠标放到用户名处,将显示"个人信息""切换账号"和"退出"选项。用户点击则进行相关操作。

(3)用户点击"个人信息",则进入个人信息界面。

(4)在个人信息界面中,用户可以对其信息进行修改,点击"保存"。

(5)系统检查是否填写正确,若错误,则显示相应的错误信息,点击弹窗上的"确定",则返回到个人信息界面并允许重新进行修改;若正确,则显示"保存成功"并返回用户系统首页。

(6)用户点击"切换用户",则返回系统首页。

(7)用户点击"退出",则退出系统。

2.4.5 平台分析

1. 平台分析

平台分析主要把电商平台的总销售变化趋势以视图的方式呈现出来。平台分析用例图如图 2-23 所示。

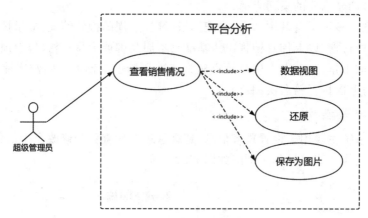

图 2-23 平台分析用例图

角色：超级管理员。

目的：帮助用户分析电商平台的总销售（销售额）走势。

用例描述：

(1)用户进入用户系统首页。

(2)用户点击"平台分析"，则显示"平台分析"和"热销分析"选项。

(3)用户点击"平台分析"，则显示平台分析界面。

(4)在平台分析界面中，用户选择时间（选择开始时间和结束时间，以日历的方式选择），点击"查询"，则显示该时段内平台每日总销售（销售额）的走势图。

(5)在走势图的右上方显示"数据视图""还原""保存为图片"三个选项。

(6)用户点击"数据视图"切换数据展示方式（数据视图），更换走势图。

(7)用户点击"还原"，则还原视图。

(8)用户点击"保存为图片"，则保存走势图到本地。

2. 热销分析

热销分析主要用于统计电商平台内的热销商品、品牌、店铺并进行排行，显示其评价率和品牌销量。热销分析用例图如图 2-24 所示。

角色：超级管理员。

目的：帮助用户分析电商平台内热销品牌、热销商品、热销店铺的信息。

用例描述：

(1)用户进入用户系统首页。

(2)用户点击"平台分析"，则显示"平台分析"和"热销分析"选项。

(3)用户点击"热销分析"，则显示热销分析界面。

(4)热销分析界面展示平台内热销品牌排行榜（以上周总销售额为基准）、热销商品排行榜（以上周总销售额为基准）、热销店铺排行榜（以上周总销售额为基准）。

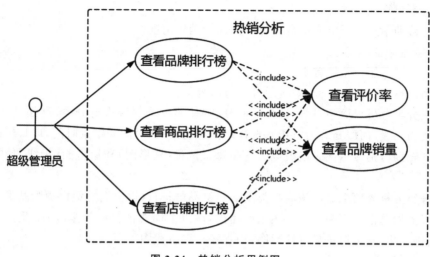

图 2-24　热销分析用例图

（5）用户点击排行榜中的品牌/商品/店铺名称，则显示其评价率比重（扇形图）和品牌销量（柱形图）。

2.4.6　分类分析

分类分析主要用于统计电商内平台各类商品在一定时间内的销售信息。分类分析用例图如图 2-25 所示。

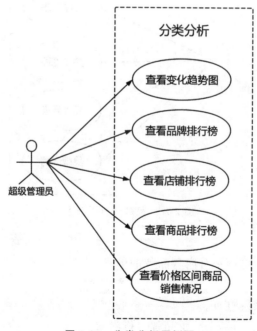

图 2-25　分类分析用例图

角色:超级管理员。

目的:帮助用户分析电商平台内各类商品的销售情况。

用例描述:

(1)用户进入用户系统首页。

(2)用户点击"分类分析",则显示分类分析界面。

(3)在分类分析界面中,用户选择商品分类(按照三个等级进行分类,例如,服饰内衣为一级,男装为二级,西服套装为三级),选择时间(选择开始时间和结束时间,以日历的方式选择),点击"查询",则显示该时段内该类商品每日销量(柱形图)和销售额(折线图)的变化趋势图。

(4)分类分析界面中显示该商品类型的热销品牌排行(以上周总销售额为基准)、热销店铺排行(以上周总销售额为基准)、热销商品排行(以上周总销售额为基准)以及各个价格区间商品销售变化,其中销量显示柱形图,销售额显示折线图。

2.4.7 品牌分析

品牌分析是分析电商平台内各品牌的信息。品牌分析用例图如图 2-26 所示,品牌详情用例图如图 2-27 所示。

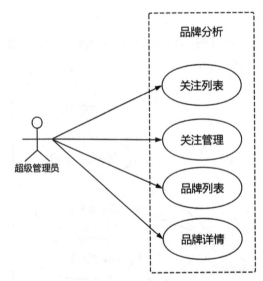

图 2-26 品牌分析用例图

角色:超级管理员。

目的:帮助用户分析电商平台内各品牌的信息。

用例描述:

(1)用户进入用户系统首页。

(2)用户点击"品牌分析",则显示品牌分析界面。

(3)界面显示两个列表,一个为关注列表,一个为品牌列表。

(4)品牌列表中显示各品牌的名称、昨日的销售量和销售额及操作栏,每页仅显示 15 个品牌信息。

(5)用户点击"关注"可关注该品牌,关注的品牌显示在关注列表,点击"取消关注",则取

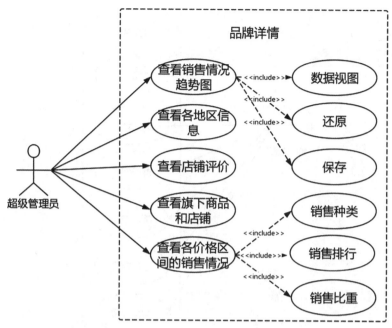

图 2-27 品牌详情用例图

消关注。

（6）用户点击列表中的品牌名称，则进入品牌详情界面。

（7）品牌详情界面中，用户选择时间范围（选择开始时间和结束时间，以日历的方式选择）并点击"查询"，则显示该时段内的该品牌每日的销量和销售额的变化趋势图。

（8）在走势图的右上方显示"数据视图""还原""保存为图片"三个选项。

（9）用户点击"数据视图"切换数据展示方式（数据视图），更换走势图。

（10）用户点击"还原"，则还原视图。

（11）用户点击"保存为图片"，则保存走势图到本地。

（12）品牌详情界面中显示品牌销售地区分布图（中国地图）。

（13）用户通过点击品牌销售地区分布图上的地名（以省份来划分），查看该地区的会员比重（以扇形图方式展示，等级分为钻石会员、黄金会员、普通会员）和流量来源比重（以扇形图方式展示，来源分为移动端、PC端等）。

（14）品牌详情界面中显示品牌印象（词云）、评价比重（扇形图）、该品牌下店铺（列表）、该品牌下商品（列表）。

（15）品牌详情界面中显示品牌各价格区间总销售额（以柱形图的方式展示，销售情况为上周销售情况）。

（16）用户通过点击价格区间，查看该区间内商品的销售种数（柱形图）、销量排行（列表）和销售比重（扇形图）。

2.4.8 商品分析

商品分析是电商平台内各上架商品的详细信息。商品分析用例图如图 2-28 所示，商品详情用例图如图 2-29 所示。

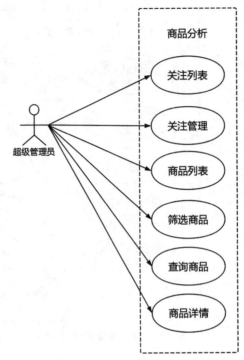

图 2-28　商品分析用例图

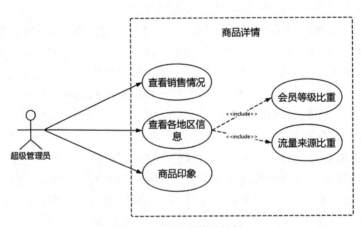

图 2-29　商品详情用例图

角色:超级管理员。

目的:帮助用户分析平台内各商品的信息。

用例描述:

(1)用户进入用户系统首页。

(2)用户点击"商品分析",则显示商品分析界面。

(3)界面显示两个列表,一个为关注列表;一个为商品列表,列出商品的名称、销售单价、总评价数、昨日销量、昨日销售额和操作栏,每页仅显示 10 条信息。

(4)商品列表显示所有商品的信息,关注列表显示已关注商品的信息。

(5)用户可以通过选择商品分类(按照三个等级进行分类,例如,服饰内衣为一级,男装为二级,西服套装为三级)和搜索(输入品牌或商品名称,点击"搜索"),在列表中显示符合条件的商品信息。

(6)在操作栏中,显示"关注"和"某电子商务链接"。

(7)用户点击"关注"即可关注该商品,关注的品牌显示在关注列表中,点击"取消关注",则取消关注。

(8)用户点击"某电子商务链接",则载入某电子商务商城中该商品的评价界面。

(9)用户点击列表中的商品名称,则进入商品详情界面。

(10)商品详情界面中,用户选择时间范围(选择开始时间和结束时间,以日历的方式选择)并点击"查询",则显示该时段内商品的总销量和总销售额,还有销量(柱形图)、销售额(折线图)和销售单价(折线图)的每日变化趋势图。

(11)商品详情界面中显示商品销售地区分布图(中国地图)。

(12)用户通过点击商品销售地区分布图上的地名(以省份来划分),查看该地区的会员等级比重(以扇形图方式展示,等级分为钻石会员、黄金会员、普通会员)和流量来源比重(以扇形图方式展示,来源分为移动端、PC端等)。

(13)商品详情界面中显示店铺印象(词云)。

2.4.9 店铺分析

店铺分析主要用于显示平台内店铺的详细信息。店铺分析用例图如图2-30所示,店铺详情用例图如图2-31所示。

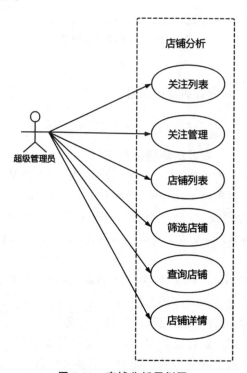

图2-30 店铺分析用例图

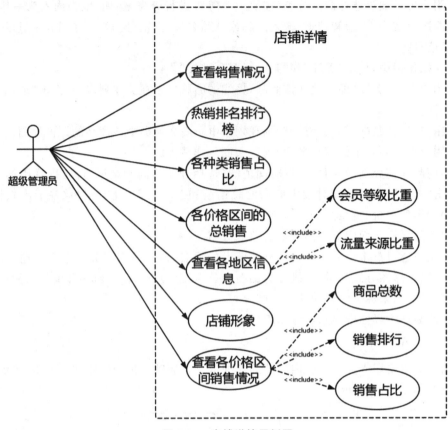

图 2-31　店铺详情用例图

角色:超级管理员。

目的:帮助用户分析平台内各店铺的信息。

用例描述:

(1)用户进入用户系统首页。

(2)用户点击"店铺分析",则显示店铺分析界面。

(3)店铺分析界面,显示两个列表,一个为关注列表;一个为店铺列表,在列表中显示店铺的名称、昨日销量、昨日销售额和操作栏,每页仅显示 10 个店铺信息。

(4)用户通过选择店铺分类(按照三个等级进行分类,例如,服饰内衣为一级,男装为二级,西服套装为三级)和搜索(输入品牌或店铺名称,点击"搜索"),使店铺列表显示符合条件的店铺信息。

(5)在操作栏中,用户点击"关注"可关注该商品,关注的品牌显示在关注列表中,点击"取消关注",则取消关注。

(6)用户点击列表中的店铺名称,则进入店铺详情界面。

(7)店铺详情界面中,用户通过选择时间范围(选择开始时间和结束时间,以日历的方式选择)并点击"查询",来显示该时间内的店铺的总销售量和总销售额,以及销量(柱形图)、销售额(折线图)的每日变化趋势图。

(8)店铺详情界面中显示店铺中热销品牌、商品的销量(以上周总销售额为基准)和销售额(折线图),二、三级分类销售比重(扇形图)及各个价格区间的商品销售情况(柱形图)、店铺印象(词云)。

(9)店铺详情界面中显示店铺销售地区分布图(中国地图)。

(10)用户通过点击品牌销售地区分布图(中国地图)上的地名(以省份来划分),查看该地区的会员等级比重(以扇形图方式展示,等级分为钻石会员、黄金会员、普通会员)和流量来源比重(以扇形图方式展示,来源分为移动端、PC端等)。

(11)店铺详情界面中显示店铺价格区间销售情况(以柱形图的方式展示,销售情况为上周销售情况)。

(12)用户通过点击价格区间,查看该区间内的商品总数(柱形图)、销量排行(列表)和商品销售占比(扇形图)。

第三章　概要设计

3.1　导言

3.1.1　目的

该文档根据某电子销售数据分析系统的功能和性能,阐述了某电子商务产品销售数据分析系统的概要设计,包括框架设计、功能模块设计、数据库设计、界面设计等部分。

本文档的预期读者包括:

(1)设计开发人员;

(2)项目管理人员;

(3)测试人员;

(4)用户。

3.1.2　范围

该文档的目的是解决整个项目系统的"怎么做"的问题。在这里,主要根据用户提出的项目需求进行全面设计。

3.1.3　引用标准

无。

3.1.4　参考资料

无。

3.2　项目设计原则简介

某电子商务产品销售数据分析系统是针对电商和具有网购意愿的人的需求而设计的,该平台操作简易,具有实用性。在整个系统设计的过程中遵循以下的设计原则:

(1)实用性:实用性是系统的主要设计原则,系统设计必须最大可能地满足用户的需求,做到操作方便、界面友好、可即时更新,能适应不同层次用户的需求。

(2)先进性:信息技术发展迅速,系统设计尽可能采用先进的技术标准和技术方法。

(3)以用户为中心的处理:个性化服务充分体现了这一点,根据用户当前关注重点,配置页面功能布局及展现内容,贴合用户操作。

(4)使用便捷:系统要有设计良好的人机交互界面,即既使系统的操作界面简单易用,又能具有较强的适用性,满足不同计算机使用水平的用户使用。

(5)灵活和易维护:采用开放的体系架构,基于开放源代码的技术框架和数据库系统,使用高效率的开源和免费开发工具,具备完整的文档说明。在维护方面,主要考虑两个层面:一是对于开发人员来讲,系统编码容易调整,可适应需求的变化和调整;二是对于系统管理维护人员来说,能够对系统进行便捷的维护和管理。

(6)安全可靠:选择安全可靠的软硬件运行平台,并在系统设计和实现的时候关注系统的安全控制和执行效率,提供相应的安全防护功能,保证系统具有较高的安全性和可靠性。安全性方面,要考虑系统的安全、数据管理的安全、网络安全。保证用户权限、数据安全和系统的稳定性。

(7)单一职责原则:系统在面向对象设计部分采取单一职责原则,其核心思想为:一个类,最好只做一件事,只有一个原因引起它的变化。单一职责原则可以看作是低耦合、高内聚在面向对象原则上的引申,将职责定义为引起变化的原因,以提高内聚性来减少引起变化的原因,从而最终提高系统的可修改性和可维护性。

本概要设计涵盖了体系结构设计、功能模块设计、数据库设计、界面设计等。

3.3　体系结构设计

某电子商务产品销售数据分析系统本着软件开发的设计原则,采用浏览器/服务器(B/S)的体系结构。为了满足系统响应快速、便于操作、易于维护的要求,在软件架构上,采用五层体系结构:表现层、控制层、业务逻辑层、数据持久层和域模型层;在设计实现上,采用MVC的设计模式:Model模型层、View视图层、Controller控制层;在体系架构上,某电子商务产品销售数据分析系统选择用Spring+SpringMVC+Maven+MyBatis+Freemarker架构。

Spring+SpringMVC+Maven+MyBatis+Freemarker是一个集成框架,是目前较流行的一种Web应用程序开源框架。某电子商务产品销售数据分析系统集成的Spring+SpringMVC+Maven+MyBatis+Freemarker框架的系统分为四层:表现层、控制层、业务逻辑层和数据持久层,可帮助开发人员在短期内搭建结构清晰、可复用性好、维护方便的Web应用程序。Maven的主要作用是管理jar包,防止jar之间依赖起冲突。其中,Spring-MVC作为紫铜的整体基础架构,负责MVC的分离;利用Freemarker,控制业务跳转;利用MyBatis框架对持久层提供支持;Spring做管理,管理SpringMVC、Freemarker和MyBatis。

具体做法是:用面向对象的分析方法根据需求提出一些模型,将这些模型实现为基本的Java对象,然后编写基本的DAO(Data Access Objects)接口,并给出MyBatis的DAO实现,采用MyBatis架构实现的DAO类来实现Java类与数据库之间的转换和访问;最后由Spring做管理,管理SpringMVC、Freemarker和MyBatis。

整体来看,在Spring+SpringMVC+Maven+MyBatis+Freemarker架构下,结合J2EE资源调用情况,将二者有机结合起来,形成如下的四层结构:表现层、控制层、业务逻辑层和数据持久层。分层结构图如图3-1所示。

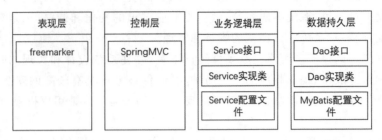

图 3-1 分层结构

系统技术架构如图 3-2 所示。

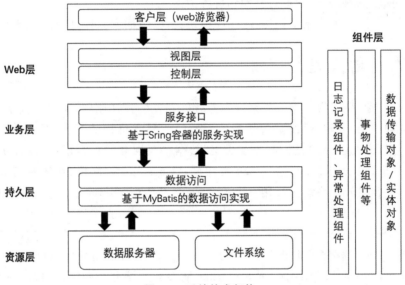

图 3-2 系统技术架构

3.3.1 表现层

结合用户身份判定,用于展示系统的业务信息以及接收用户输入信息。将来自用户的信息发送到对应的业务层进行处理,并接收后台处理的结果,同时结合用户身份将其返回到前端进行展示,实现系统与用户的动态交互。

表现层功能包括:

- 采用 Freemarker 框架开发前端页面。
- 通过 H-ui 模板,完成统一风格的页面部署,形成较好的页面风格。
- 采用多种展现形式,如 html 页面、Excel、图片、柱状图等格式。
- 对前端提交数据进行合规性校验,如登入时账号密码长度、类型、格式等。
- 将页面请求发送到验证层,并接收验证层返回,将结果在前端展示。
- 提供过滤器,进行请求预处理。

表现层主要由下面组件构成:

1. 分发器与拦截器组件

统一处理分发来自页面的请求,通常将所有的请求分发情况都配置到 SpringMVC 的配置文件中。分发器与拦截器包结构见表 3-1。

表 3-1　分发器与拦截器包结构

包名	类名	说明
edu.xmut.datamining.filter	SessionFilter	用于设置页面字符编码的过滤器、非法访问拦截

2. 网页视图组件

根据业务逻辑层的处理数据进行页面的展示。网页视图部分样例见表 3-2。

表 3-2　网页视图部分样例

文件名称	Ftl	说明
我的桌面	main.ftl	显示我的桌面详情
热销分析	systemAnalysis/index.ftl	显示热销分析详情
平台分析	systemAnalysis/allAnalysis.ftl	显示平台分析详情
品牌分析	brand/price.ftl	显示品牌分析详情
商品分析	product/index.ftl	显示商品分析详情
分类分析	categoryAnalysis/salesIndex.ftl	显示分类分析详情
店铺分析	shop/index.ftl	显示店铺分析详情

3.3.2　控制层

根据不同的请求触发点,接收从表现层传输的用户请求信息,并将封装好的实体对象发送到对应的业务处理单元,同时接收业务逻辑层处理结果,指定相应的表现层 ftl 页面展现需求数据,实现页面跳转与信息显示。

控制层功能包括:

- 接收并处理从表现层传入的各种输入,以及输出各种异常提示信息或处理结果信息。
- 对于输入的数据进行数据校验,过滤非法数据。
- 向业务控制层发送处理请求。
- 接收业务逻辑层请求处理结果。
- 返回状态符,实现页面跳转。

控制层主要由控制器组件构成,执行由分发器发过来的请求。该模块由 SpringMVC 框架完成,SpringMVC 通过一套 MVC 注解,让 POJO 成为处理请求的控制器,而无须实现任何接口。控制层包部分结构见表 3-3。控制层类关系如图 3-3 所示。

表 3-3　控制层包部分结构

包名	类名	说明
edu.xmut.datamining.controller	UserController	实现登录/注册的控制跳转
edu.xmut.datamining.controller	brandController	实现品牌分析的控制跳转

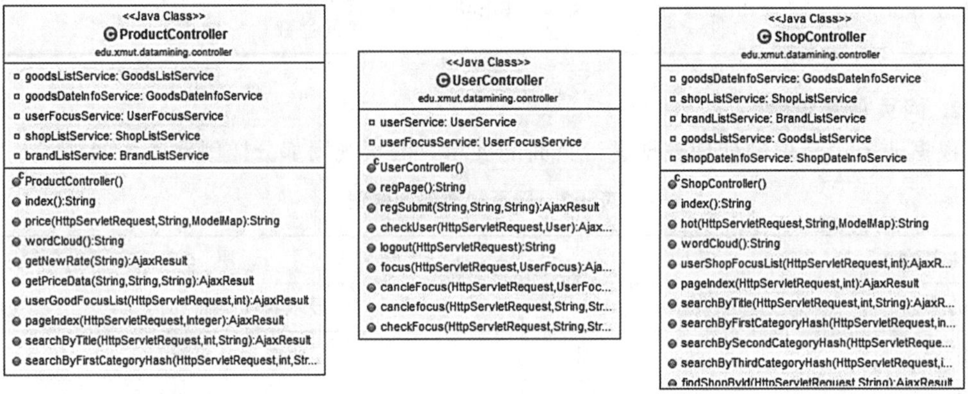

图 3-3　控制层类关系

3.3.3　业务逻辑层

业务逻辑层为系统的核心层,提供了大量业务服务组件,负责处理控制层发送过来的业务数据。系统中绝大部分业务处理都在该层实现。该层实现了各种逻辑判断(即业务逻辑的封装),实现各种需求功能,并将处理后的数据传输给控制层,再由控制层进行简单处理。如果需要进行数据库操作,则调用数据持久层进行数据库相关操作。

业务逻辑层功能包含:

- 实现各种业务处理逻辑或处理算法,比如聚类、商品每周排行等。
- 向控制层返回处理数据信息。
- 向持久层发送数据操作的请求,进行对数据信息的增、删、改、查操作。
- 作为控制层的服务层,提供接口供周边系统调用。

业务逻辑层主要包含业务逻辑处理,负责处理各类业务逻辑的 service 组成,有关页面的跳转可以从 SpringMVC 的控制类中看到。由于系统业务逻辑层的实现类较多,此处列举一些核心的实现类见表 3-4。业务逻辑层类关系如图 3-4 所示。

表 3-4　业务逻辑层包部分结构

包名	类名	说明
edu.xmut.datamining.dao	UserMapper	用户登录/注册接口
	ShopListMapper	店铺分析接口
	GoodsListMapper	商品列表接口

续表

包名	类名	说明
edu.xmut.datamining.service	UserService	用户登录/注册接口实现类
	ShopListService	店铺分析接口实现类
	GoodsListService	商品列表接口实现类

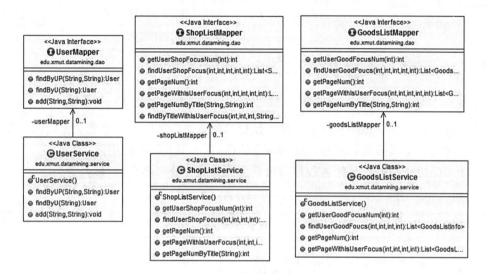

图 3-4　业务逻辑层类关系

3.3.4　数据持久层

在某电子商务产品销售数据分析系统中,数据持久层负责数据的持久操作,例如,与数据库进行连接交互。该层抽象和封装了所有对持久化存储介质的访问。数据持久层可以访问任何数据,除了数据库,还包括缓存数据等。在该项目框架的搭建中,是通过封装MyBatis来访问数据库的。

数据持久层包含功能:

● 对数据库中的用户信息、商品信息、店铺信息等数据进行增、删、改、查操作。

● 实现事务处理,保证数据读写正常。

● 实现意外错误操作的数据恢复。

数据持久层部分结构见表 3-5。

表 3-5　数据持久层部分结构

包名	文件名	说明
edu.xmut.datamining. entity	User	为数据库中 User 表提供 java 类进行分装
	UserFocus	为数据库中 UserFocus 表提供 java 类进行分装
	ShopList	为数据库中 ShopList 表提供 java 类进行分装

续表

包名	文件名	说明
edu.xmut.datamining.dao	UserMapper	用户数据操作接口
	ShopListMapper	店铺数据操作接口
	GoodsListMapper	商品数据操作接口
edu.xmut.datamining.mapping	UserMapper.xml	用户数据操作具体实现
	ShopListMapper.xml	店铺数据操作具体实现
	GoodsListMapper.xml	商品数据操作具体实现
src/main/resources	generatorConfig.xml	包装数据库的表

3.3.5 接口设计

内部接口是为了对那些在同一个地方使用的接口进行逻辑上分组的一种设计。设计内部接口主要是为了增强代码的易读性和可维护性,且方便开发者使用。

以下是某电子商务产品销售数据分析系统涉及的部分内部接口,见表3-6。

表3-6 部分内部接口

位置	接口	涉及方法	描述	参数
首页—本周商品排行前十	systemAnalysis/getHotproduct.jhtml	goodsDateInfoService.rankGoodsHot	获取平台上本周销量最高的前十个商品	无
首页—本周品牌排行前十	systemAnalysis/getHotBrand.jhtml	brandSaleInfoService.rankBrandHot	获取平台上本周销量最高的前十个品牌	无
首页—本周商店排行前十	systemAnalysis/getHotShop.jhtml	shopDateInfoService.rankShopHot	获取平台上本周销量最高的前十个店铺	无
平台分析—热销分析—热销品牌统计—品牌销量排行	systemAnalysis/getBrandSaleNumRank.jhtml	brandSaleInfoService.getBrandSaleNumRank	获取热销品牌今日的销量排名、品牌名、销量,以及昨日排名	无
平台分析—热销分析—热销品牌统计—品牌评价比率	/brand/getNewRate.jhtml	brandSaleInfoService.selectNewRate	品牌评价比率	String id

续表

位置	接口	涉及方法	描述	参数
品牌关注列表	brand/user FocusBrandList. jhtml	brandListService. getUserBrandFocus CountbrandList Service.findUser Foucs	将某用户所有关注的品牌以列表的形式展现,列出品牌名、昨日销量、昨日销售额,还有取消关注的按钮	
品牌详情页面品牌下的商品列表	brand/find GoodsByBrand. jhtml	goodsListService. getPageNumBy BrandHash/ findGoods ListToShowBy BrandOrderBySale Num	获取某一品牌的商品列表	HttpServletRequest requestString brandHash
品牌详情页面品牌下的店铺列表	brand/find ShopByBrand. jhtml	shopListService. getPageNumBy BrandHash/ findShopListIn foByBrandHash	获取某一品牌的店铺列表	HttpServletRequest requestString brandHash
店铺详情-店铺中销量、销售额每日变化趋势	shop/trend OfSaleNumAnd SaleAmount. jhtml	shopDateInfo Service.trendOf SaleNumAnd SaleAmount	根据店铺的shopId以及选择的时间范围,获取该店铺的销量和销售额每日变化趋势	String shopId String beginDate String endDate

3.3.6 环境配置

1. SpringMVC 配置

(1)在 spring-mvc.xml 配置自动扫描的包和 view 直接映射,如图 3-5 所示。

(2)在 web.xml,添加配置 spring-mvc.xml,需要添加一个<servlet>标签指明添加 spring-mvc.xml 文件,具体如图 3-6 所示。

2. Spring 接管 MyBatis 配置

(1)在 applicationContext-mybatis.xml 通过配置相应的属性,将 MyBatis 交给 Spring 管理,包括数据库的基本操作等。具体如图 3-7 和图 3-8 所示。

```xml
<?xml version="1.0" encoding="UTF-8"?>
<beans xmlns="http://www.springframework.org/schema/beans"
    xmlns:xsi="http://www.w3.org/2001/XMLSchema-instance"
    xmlns:context="http://www.springframework.org/schema/context"
    xmlns:mvc="http://www.springframework.org/schema/mvc"
    xmlns:task="http://www.springframework.org/schema/task"
    xsi:schemaLocation="http://www.springframework.org/schema/mvc
                        http://www.springframework.org/schema/mvc/spring-mvc-3.2.xsd
                        http://www.springframework.org/schema/beans
                        http://www.springframework.org/schema/beans/spring-beans-3.2.xsd
                        http://www.springframework.org/schema/context
                        http://www.springframework.org/schema/context/spring-context-3.2.xsd
                        http://www.springframework.org/schema/task
                        http://www.springframework.org/schema/task/spring-task-3.2.xsd">

    <description>Spring MVC Configuration</description>

    <!-- 使用Annotation自动注册Bean,只扫描@Controller -->
    <context:component-scan base-package="edu.xmut.datamining.controller">
        <!-- <context:include-filter type="annotation" expression="org.springframework.stereotype.Co
    </context:component-scan>
    <!-- don't handle the static resource -->
    <mvc:default-servlet-handler />

    <!-- if you use annotation you must configure following setting -->
    <mvc:annotation-driven />
     <!-- 定义无Controller的path<->view直接映射 -->
    <mvc:view-controller path="/" view-name="redirect:${web.view.index}"/>
</beans>
```

图 3-5　spring-mvc.xml

```xml
<servlet>
    <servlet-name>spring</servlet-name>
    <servlet-class>org.springframework.web.servlet.DispatcherServlet</servlet-class>
    <init-param>
        <param-name>contextConfigLocation</param-name>
        <param-value>classpath:spring-mvc.xml</param-value>
    </init-param>
    <load-on-startup>1</load-on-startup>
</servlet>
<servlet-mapping>
    <servlet-name>spring</servlet-name>
    <url-pattern>*.jhtml</url-pattern>
</servlet-mapping>
```

图 3-6　web.xml

```xml
<?xml version="1.0" encoding="UTF-8"?>
<beans xmlns="http://www.springframework.org/schema/beans" xmlns:xsi="http://www.w3.org/2001/XMLSchema-instanc
    xmlns:context="http://www.springframework.org/schema/context" xmlns:cache="http://www.springframework.org/
    xmlns:aop="http://www.springframework.org/schema/aop"
    xmlns:jee="http://www.springframework.org/schema/jee" xmlns:tx="http://www.springframework.org/schema/tx"
    xsi:schemaLocation="
        http://www.springframework.org/schema/beans http://www.springframework.org/schema/beans/spring-beans-3
        http://www.springframework.org/schema/context http://www.springframework.org/schema/context/spring-con
        http://www.springframework.org/schema/jdbc http://www.springframework.org/schema/jdbc/spring-jdbc-3.2.
        http://www.springframework.org/schema/jee http://www.springframework.org/schema/jee/spring-jee-3.2.xsd
        http://www.springframework.org/schema/tx http://www.springframework.org/schema/tx/spring-tx-3.2.xsd
        http://www.springframework.org/schema/cache http://www.springframework.org/schema/cache/spring-cache-3
        http://www.springframework.org/schema/aop http://www.springframework.org/schema/aop/spring-aop-3.2.xsd
        http://www.springframework.org/schema/data/jpa http://www.springframework.org/schema/data/jpa/spring-j
    default-lazy-init="true">
    <context:property-placeholder ignore-unresolvable="true" location="classpath*:/application.properties" />
<!-- 配置数据源 使用的是Druid数据源 -->
    <bean name="dataSource" class="com.alibaba.druid.pool.DruidDataSource"
        init-method="init" destroy-method="close">
        <property name="url" value="${jdbc.url}" />
        <property name="username" value="${jdbc.username}" />
        <property name="password" value="${jdbc.password}" />
        <!-- 初始化连接大小 -->
        <property name="initialSize" value="0" />
        <!-- 连接池最大使用连接数量 -->
        <property name="maxActive" value="20" />
        <!-- 连接池最小空闲 -->
        <property name="minIdle" value="0" />
        <!-- 获取连接最大等待时间 -->
        <property name="maxWait" value="60000" />
        <property name="poolPreparedStatements" value="true" />
        <property name="maxPoolPreparedStatementPerConnectionSize"
            value="33" />
        <!-- 用来检测有效sql -->
```

图 3-7　applicationContext-mybatis.xml-1

```
35      <property name="validationQuery" value="${validationQuery}" />
36      <property name="testOnBorrow" value="false" />
37      <property name="testOnReturn" value="false" />
38      <property name="testWhileIdle" value="true" />
39      <!-- 配置间隔多久才进行一次检测，检测需要关闭的空闲连接，单位是毫秒 -->
40      <property name="timeBetweenEvictionRunsMillis" value="60000" />
41      <!-- 配置一个连接在池中最小生存的时间，单位是毫秒 -->
42      <property name="minEvictableIdleTimeMillis" value="25200000" />
43      <!-- 打开removeAbandoned功能 -->
44      <property name="removeAbandoned" value="true" />
45      <!-- 1800秒，也就是30分钟 -->
46      <property name="removeAbandonedTimeout" value="1800" />
47      <!-- 关闭abanded连接时输出错误日志 -->
48      <property name="logAbandoned" value="true" />
49      <!-- 监控数据库 -->
50      <property name="filters" value="mergeStat" />
51  </bean>
```

图 3-8　applicationContext-mybatis.xml-2

（2）在 web.xml，添加配置 applicationContent.xml，需要添加一个＜content-param＞标签指明添加 applicationContent.xml 文件，具体见图 3-9。

```
<web-app>
    <display-name>XMUT Sandbox</display-name>
    <!-- 读取spring配置文件 -->
    <context-param>
        <param-name>contextConfigLocation</param-name>
        <param-value>classpath*:/applicationContext.xml,classpath*:/applicationContext-*.xml
        </param-value>
    </context-param>

    <!-- Spring 刷新Introspector防止内存泄露，须放在第一个 -->
    <listener>
        <listener-class>org.springframework.web.util.IntrospectorCleanupListener</listener-class>
    </listener>

    <!--Spring ApplicationContext 载入 -->
    <listener>
        <listener-class>org.springframework.web.context.ContextLoaderListener</listener-class>
    </listener>
<!--
    <listener>
        <listener-class>edu.xmut.sandbox.listener.OperationInitListener</listener-class>
    </listener>
-->
    <servlet>
```

图 3-9　web.xml

3. MyBatis 配置数据库

通过 generatorConfig.xml 配置数据表名字和实体类，具体见图 3-10。

```
1  <?xml version="1.0" encoding="UTF-8" ?>
2  <!DOCTYPE generatorConfiguration PUBLIC "-//mybatis.org//DTD MyBatis Generator Configuration 1.0//EN" "http://m
3  <generatorConfiguration >
4   <classPathEntry location="C:\mysql-connector-java-5.1.13.jar"/>
5
6   <context id="context1" >
7       <commentGenerator>
8       <!-- 是否去除自动生成的注释 true: 是: false:否 -->
9       <property name="suppressAllComments" value="true"/>
10      <!-- 数据库连接的信息: 驱动类、连接地址、用户名、密码 -->
11  </commentGenerator>
12      <jdbcConnection driverClass="com.mysql.jdbc.Driver" connectionURL="jdbc:mysql://172.16.0.102:3306/datamin
13      <javaModelGenerator targetPackage="edu.xmut.datamining.entity" targetProject="datamining" />
14      <sqlMapGenerator targetPackage="edu.xmut.datamining.mapping" targetProject="datamining" />
15      <javaClientGenerator targetPackage="edu.xmut.datamining.dao" targetProject="datamining" type="XMLMAPPER" >
16      <table schema=""  tableName="brand_list" domainObjectName="BrandList" enableCountByExample="false" enable
17  enableSelectByExample="false" selectByExampleQueryId="false" >
18      </table>
19  <table schema=""  tableName="brand_sale_info" domainObjectName="BrandSaleInfo" enableCountByExample="false'
20  enableSelectByExample="false" selectByExampleQueryId="false" >
21      </table>
22  <table schema=""  tableName="category_sale_info" domainObjectName="CategorySaleInfo" enableCountByExample='
23  enableSelectByExample="false" selectByExampleQueryId="false" >
24      </table>
25  <table schema=""  tableName="goods_category" domainObjectName="GoodsCategory" enableCountByExample="false"
26  enableSelectByExample="false" selectByExampleQueryId="false" >
27      </table>
28  <table schema=""  tableName="goods_date_info" domainObjectName="GoodsDateInfo" enableCountByExample="false'
29  enableSelectByExample="false" selectByExampleQueryId="false" >
30      </table>
```

图 3-10　generatorConfig.xml

4. Maven 管理 jar 包

通过 porm.xml 管理所有 jar 包,具体如图 3-11 所示。

```
1⊖<project xmlns="http://maven.apache.org/POM/4.0.0" xmlns:xsi="http://www.w3.org/2001/XMLSchema-instan
2   xsi:schemaLocation="http://maven.apache.org/POM/4.0.0 http://maven.apache.org/maven-v4_0_0.xsd">
3       <modelVersion>4.0.0</modelVersion>
4       <groupId>edu.xmut</groupId>
5       <artifactId>datamining</artifactId>
6       <packaging>war</packaging>
7       <version>0.0.1-SNAPSHOT</version>
8       <name>datamining Maven Webapp</name>
9       <url>http://maven.apache.org</url>
10⊖      <properties>
11          <!-- spring版本号 -->
12          <spring.version>3.2.4.RELEASE</spring.version>
13          <!-- mybatis版本号 -->
14          <mybatis.version>3.2.4</mybatis.version>
15          <!-- log4j日志文件管理包版本 -->
16          <slf4j.version>1.6.6</slf4j.version>
17          <log4j.version>1.2.12</log4j.version>
18          <freemarker.version>2.3.19</freemarker.version>
19          <jackson.version>1.9.10</jackson.version>
20      </properties>
21⊖      <dependencies>
22          <!-- spring核心包 -->
23          <!-- springframe start -->
24⊖          <dependency>
25              <groupId>org.springframework</groupId>
26              <artifactId>spring-core</artifactId>
27              <version>${spring.version}</version>
28          </dependency>
29
30⊖          <dependency>
31              <groupId>org.springframework</groupId>
32              <artifactId>spring-web</artifactId>
33              <version>${spring.version}</version>
34          </dependency>
```

图 3-11   porm.xml

3.4   功能模块设计

3.4.1   功能模块设计总述

本系统为某电子商务产品销售数据分析系统,管理端子系统功能模块如图 3-12 所示。

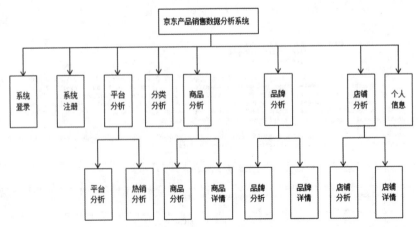

图 3-12   管理端子系统功能模块

3.4.2　管理端子系统模块设计

1. 模块 CM1：系统登录

编号：CM1。

模块名称：系统登录。

功能简介：本模块为系统登录模块，即用户登录系统的入口。在此模块中，用户输入自己的"用户名"和"密码"（在此用户名为学号或职工号），系统在后台数据库进行查询操作后，返回布尔值，表示该输入是否正确，输入正确则进入系统，错误则对用户进行相应提示。

输入：用户名，密码。

输出：用户是否登录成功。

如图 3-13 所示。

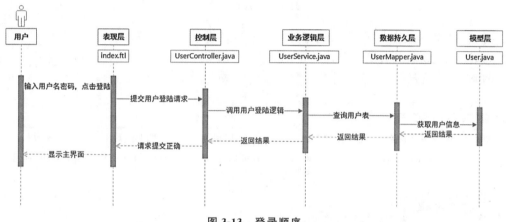

图 3-13　登录顺序

2. 模块 CM2：注册模块

编号：CM2。

模块名称：系统注册。

功能简介：本模块为系统注册模块。用户首次进入系统时，可通过本模块进行注册。在此模块中，系统显示注册界面，用户输入相关必要的身份信息，单击"确定"。若注册成功，系统将以学生学号作为账号，用户设定密码作为密码存入后台数据库。注册完成后，用户可使用注册成功的账号和密码登录系统。

输入：用户名，密码。

输出：用户是否注册成功。

备注：对于未登录系统的游客用户，系统将自动限制一部分功能的显示。

如图 3-14 所示。

3. 模块 CM3：首页

编号：CM3。

模块名称：首页。

功能简介：用户进入首页模块后，页面按从上到下依次显示平台信息简介、当日的最热搜的前十位热搜关键词、平台上本周销量最高的前十个商品、本周销量最高的十个品牌、本周销量最高的十个店铺。

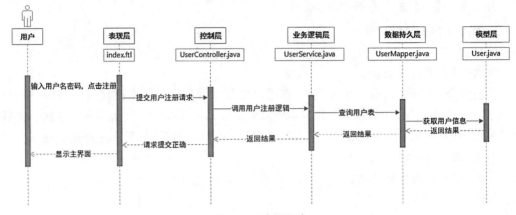

图 3-14　注册顺序

输入：登录界面输入"账号"和"密码"，点击"登录"。

输出：系统跳转到首页。

如图 3-15 所示。

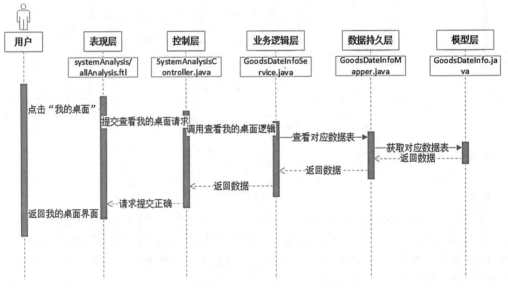

图 3-15　首页顺序

4. 模块 CM4：平台分析

编号：CM4。

模块名称：平台分析。

功能简介：用户点击左侧菜单栏的"平台分析"展开平台分析和热销分析两个模块，点击"平台分析模块"跳转到平台分析界面。平台分析界面提供设定时间范围操作，设定平台分析界面内的时间范围后，系统刷新界面，根据时间范围更新某电子商务平台销量及销售额趋势图。

输入：鼠标点击。

输出：平台分析界面。

如图 3-16 所示。

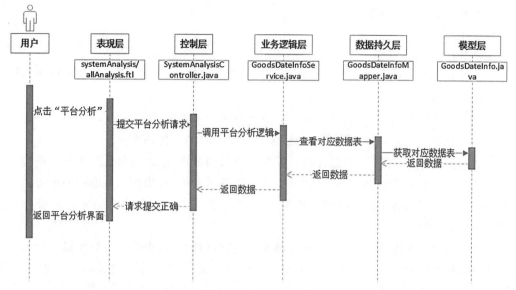

图 3-16 平台分析顺序

5. 模块 CM5：热销分析

编号：CM5。

模块名称：平台分析。

功能简介：用户进入热销分析模块，系统显示热销分析界面。热销分析界面包括：

①热销品牌（本周销量靠前品牌）：用排行榜的形式展示平台上热销品牌的前七天销量排行。

②热销商品（本周销量靠前商品）：用排行榜的形式展示平台商品的前七天销量排行。

③热销店铺（本周销量靠前店铺）：用排行榜的形式展示平台店铺的前七天销量排行。

以上三个排行榜显示信息包括名次、名称、销量、昨日名次。

输入：鼠标点击。

输出：热销分析界面。

如图 3-17 所示。

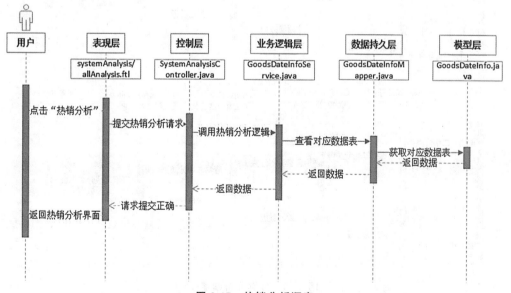

图 3-17 热销分析顺序

6. 模块 CM6：分类分析

编号：CM6。

模块名称：分类分析。

功能简介：用户点击左侧"分类分析"，展开分类分析模块，点击"分类分析模块"，系统返回分类分析界面。分类分析界面包括：

①对指定时间范围内，展示选定分类的总销量和总销售额。

②已选分类前七天销量（条形图）与销售额（折线图）的变化趋势。

③已选分类热销品牌排行：包含该分类的品牌的销量排行，用横向条形图表示排行。

④已选分类热销店铺排行：包含该分类的店铺的销量排行，用横向条形图表示排行。

⑤已选分类商品各个价格区间销售情况：即对已选分类商品的各个价格区间统计销量后，用条形图显示出来。

⑥已选分类热销商品排行：已选分类商品销量进行排名后，用横向条形图显示出来。

分类分析界面提供三级分类操作和设定时间范围操作，用户在分类分析界面选择一级、二级、三级分类后，系统刷新界面，更新②～⑥；用户设定时间范围操作，系统刷新界面，更新①。

输入：鼠标点击。

输出：分类分析界面。

如图 3-18、图 3-19 所示。

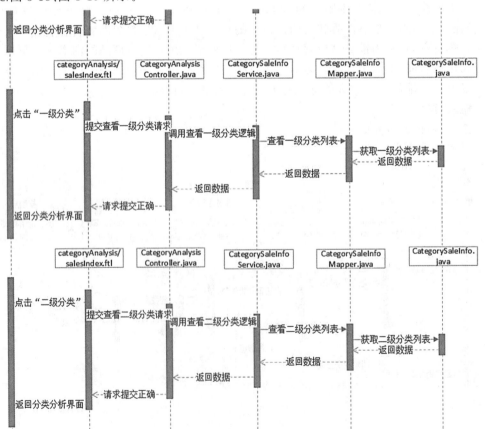

图 3-18　分类分析顺序-1

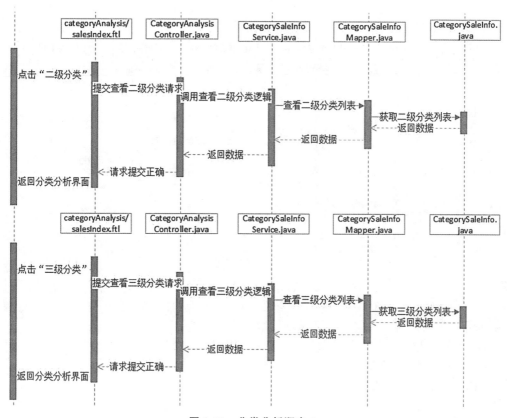

图 3-19　分类分析顺序-2

7. 模块 CM7：品牌分析

编号：CM7。

模块名称：品牌分析。

功能简介：用户点击菜单栏"品牌分析"，进入品牌分析界面。品牌分析界面包括用户关注品牌列表（列表信息包括品牌名称、昨日销量、昨日销售额）、取消关注（点击可取消对该商品的关注），商品按昨日销量进行降序排序。点击列表信息中的品牌名后可以跳转到品牌详情页。

输入：鼠标点击。

输出：品牌分析界面。

如图 3-20 所示。

8. 模块 CM8：商品分析

编号：CM8。

模块名称：商品分析。

功能简介：用户进入商品分析模块后，界面显示商品分析页。商品分析页包括：

①关注列表：关注列表包含所有添加关注了的商品，其中列表信息包括商品名（点击可跳转到商品详情）、商品单价、总评价数、昨日销量、昨日销售额、取消关注（点击可取消对该商品的关注），商品按昨日销量进行降序排序。

②商品列表：其中列表信息包括商品名（点击可跳转到商品详情）、商品单价、总评价数、昨日销量、昨日销售额、加入/取消关注（点击可加入/取消对该商品的关注），商品按昨日销

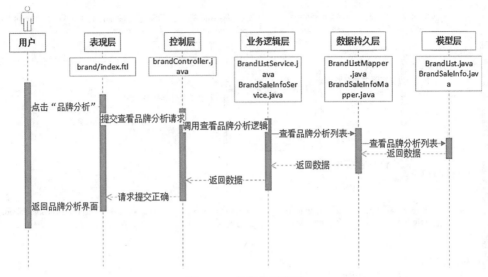

图 3-20　品牌分析顺序

量进行降序排序。

输入：鼠标点击。

输出：商品分析界面。

如图 3-21、图 3-22 所示。

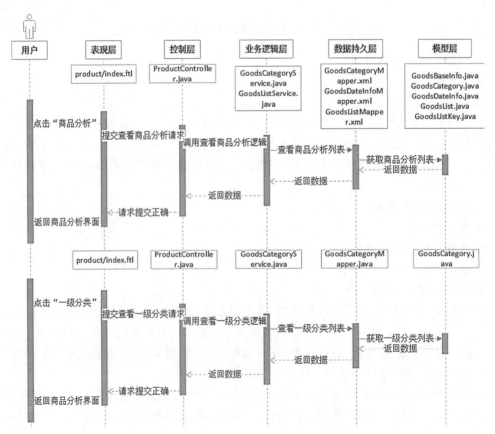

图 3-21　商品分析顺序-1

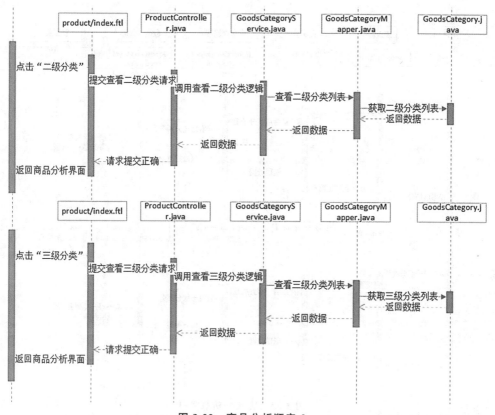

图 3-22 商品分析顺序-2

9. 模块 CM9:店铺分析

编号:CM9。

模块名称:店铺分析。

功能简介:用户进入店铺分析模块后,系统显示店铺分析界面。店铺分析界面包括:

①用户关注店铺列表,店铺按销量降序排列。列表信息包括品牌名称(带超链接,可以直接进入店铺详情页面)、昨日销量、昨日销售额、取消关注(点击可取消对该店铺的关注)。

②店铺列表,店铺按销量降序排列,列表信息包括品牌名称(带超链接,可以直接进入店铺详情页面)、昨日销量、昨日销售额、取消/加入关注(点击可取消/加入对该店铺的关注)。

输入:鼠标点击。

输出:店铺分析界面。

如图 3-23、图 3-24 所示。

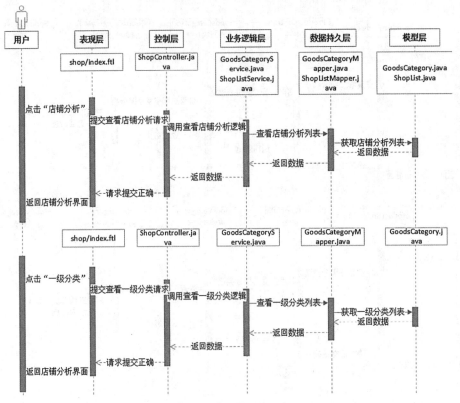

图 3-23　店铺分析顺序-1

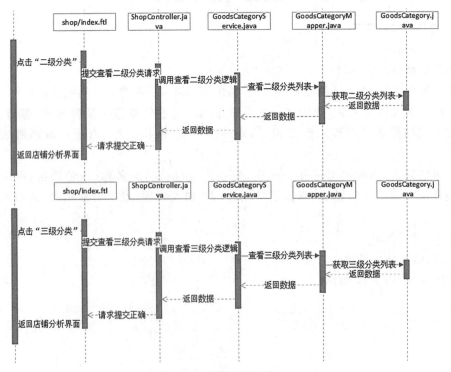

图 3-24　店铺分析顺序-2

3.4.3 Visio 软件介绍

1. 时序图简介

时序图(sequence diagram)是显示对象之间交互的图,这些对象是按时间顺序排列的。顺序图中显示的是参与交互的对象及对象之间消息交互的顺序。时序图中包括的建模元素主要有对象(Actor)、生命线(Lifeline)、控制焦点(Focus of Control)、消息(Message)等。

2. 时序图元素

(1)角色(actor)。系统角色,可以是人,也可以是其他系统或者子系统。

(2)对象(object)。对象包括三种命名方式:

第一种方式包括对象名和类名;

第二种方式只显示类名不显示对象名,即表示它是一个匿名对象;

第三种方式只显示对象名不显示类名。

如图 3-25 所示。

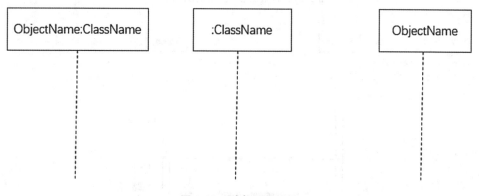

图 3-25 对象用法示例

(3)生命线(lifeline)。生命线在顺序图中表示为从对象图标向下延伸的一条虚线,表示对象存在的时间,如图 3-26 所示。

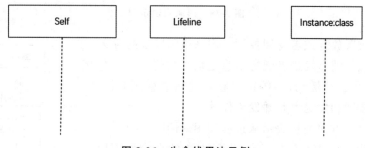

图 3-26 生命线用法示例

(4)控制焦点(focus of control),又叫激活。控制焦点是顺序图中表示时间段的符号,在这个时间段内对象将执行相应的操作。用小矩形表示,如图 3-27 所示。

(5)消息(message)。消息一般分为同步消息(synchronous message)、异步消息(asynchronous message)和返回消息(return message)。如图 3-28 所示。

①同步消息。即调用消息,消息的发送者把控制传递给消息的接收者,然后停止活动,

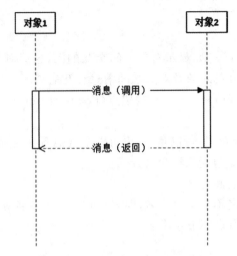

图 3-27　控制焦点（激活）用法示例

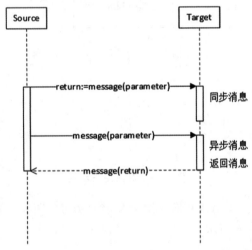

图 3-28　消息用法示例

等待消息的接收者放弃或者返回控制。用来表示同步的意义。

②异步消息。消息发送者通过消息把信号传递给消息的接收者，然后继续自己的活动，不等待接收者返回消息或者控制。异步消息的接收者和发送者是并发工作的。

③返回消息。返回消息表示从过程调用返回。

④自关联消息（self-message）。表示方法的自身调用以及一个对象内的一个方法调用另外一个方法。如图 3-29 所示。

3. 时序图实例分析

（1）时序图场景

完成课程创建功能，主要流程有：

①请求添加课程页面，填写课程表单，点击"create"按钮；

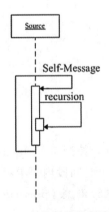

图 3-29　自关联消息用法示例

②添加课程信息到数据库；

③向课程对象追加主题信息；

④为课程指派教师；

⑤完成课程创建功能。

(2)时序图实例

如图 3-30 所示。

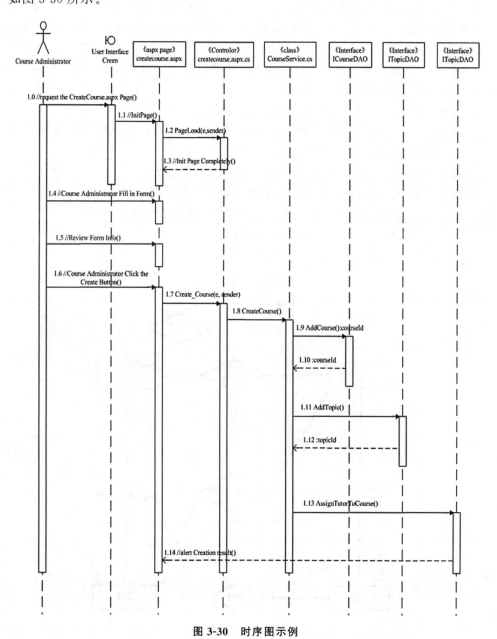

图 3-30　时序图示例

3.5 数据库设计

3.5.1 数据库种类及特点

本项目采用了 MySQL 6.1 的数据库。MySQL 是一个关系型数据库管理系统,由瑞典 MySQL AB 公司开发,目前属于 Oracle 公司。关联数据库将数据保存在不同的表中,而不是将所有数据放在一个大仓库内,这样就增加了速度并提高了灵活性。MySQL 具有以下几个特性:

(1)MySQL 为多种编程语言提供了 API。这些编程语言包括 C、C++、Python、Java、Perl、PHP、Eiffel、Ruby,.NET 和 Tcl 等。

(2)优化的 SQL 查询算法,有效地提高查询速度。

(3)提供多语言支持,常见的编码如中文的 GB 2312、BIG5,日文的 Shift_JIS 等都可以用作数据表名和数据列名。

(4)提供 TCP/IP、ODBC 和 JDBC 等多种数据库连接途径。

(5)提供用于管理、检查、优化数据库操作的管理工具。

(6)支持大型的数据库,可以处理拥有上千万条记录的大型数据库。

(7)MySQL 使用标准的 SQL 数据语言形式。

数据库逻辑结构如图 3-31 至图 3-35 所示。

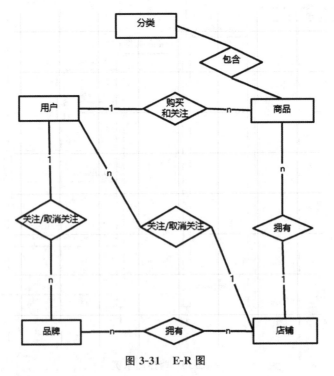

图 3-31 E-R 图

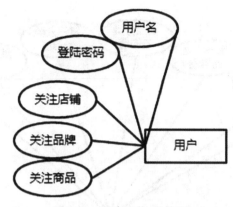

图 3-32　用户实体-属性图

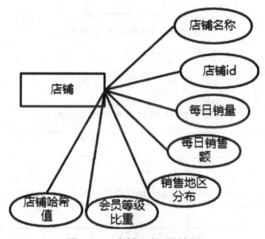

图 3-33　店铺实体-属性图

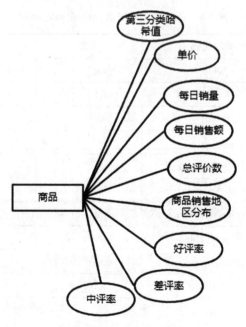

图 3-34　商品实体-属性图

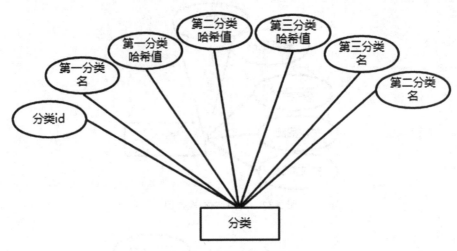

图 3-35　分类实体-属性图

3.5.2　物理结构设计

1. brand_list(表 3-7)

表 3-7　品牌信息表(brand_list)

字段名	字段代码	类型	是否为空	备注
品牌 id	id	int(10)	否	主键
品牌名	brand	varchar(100)	是	
品牌哈希值	hash	varchar(45)	否	

2. brand_sale_info(表 3-8)

表 3-8　品牌销售信息表(brand_sale_info)

字段名	字段代码	类型	是否为空	备注
品牌 id	id	int(10)	否	主键
品牌名	brandHash	varchar(45)	否	
日期	date	int(11)	否	
品牌销量	saleNum	int(10)	否	
品牌销量百分比	saleNumPercentage	int(11)	否	
品牌销售额	saleAmount	int(16)	否	
品牌销售额百分比	saleAmountPercentage	int(11)	否	
类别散列	categoryHash	varchar(45)	否	
信用信息	creditInfo	varchar(5000)	否	
好评率	goodRate	int(10)	否	

续表

字段名	字段代码	类型	是否为空	备注
中评率	midRate	int(10)	否	
差评率	poorRate	int(10)	否	
	iSaleNum	int(10)		
	iSaleAmount	bigint(9)		

3. category_sale_info(表 3-9)

表 3-9 分类销售信息表(category_sale_info)

字段名	字段代码	类型	是否为空	备注
分类 id	id	int(10)	否	主键
日期	date	int(10)	否	
品牌销量百分比	categoryHash	varchar(45)	否	
品牌销量	saleNum	int(10)	否	
品牌销量百分比	saleNumPercentage	int(11)	否	
品牌销售额	saleAmount	int(16)	否	
品牌销售额百分比	saleAmountPercentage	int(11)	否	
信用信息	creditInfo	varchar(1000)	否	
好评率	goodRate	int(10)	否	
中评率	midRate	int(10)	否	
差评率	poorRate	int(10)	否	
	iSaleNum	int(10)		
	iSaleAmount	bigint(9)		

4. goods_category(表 3-10)

表 3-10 商品分类表(goods_category)

字段名	字段代码	类型	是否为空	备注
分类 id	id	int(10)	否	主键
第一分类	firstCategory	varchar(45)	否	
第一分类哈希值	firstCategoryHash	varchar(45)	否	
第二分类	secondCategory	varchar(45)	否	
第二分类哈希值	secondCategoryHash	varchar(45)	否	
第三分类	thirdCategory	varchar(45)	否	
第三分类哈希值	thirdCategoryHash	varchar(45)	否	

5. goods_date_info（表 3-11）

表 3-11　商品详细信息表（goods_date_info）

字段名	字段代码	类型	是否为空	备注
商品序号	id	int(10)	否	主键
页面 id	webId	varchar(45)	否	
第三分类哈希值	thirdCategoryHash	varchar(45)	否	
日期	date	int(11)	否	
标题	title	varchar(500)	否	
商品单价	price	int(11)	否	
店家信用信息	creditInfo	varchar(500)	否	
已经销售	isOnSale	int(11)	否	
中评率	midRate	int(11)		
好评率	goodRate	int(11)		
差评率	poorRate	int(11)		
销量	saleNum	int(11)	否	
印象	impress	text(50)	否	
已售出销量	iSaleNum	int(10)		
已售出销售额	iSaleAmount	bigint(9)		
销售额	saleAmount	bigint(9)		

6. goods_list（表 3-12）

表 3-12　商品清单表（goods_list）

字段名	字段代码	类型	是否为空	备注
商品序号	id	int(10)	否	主键
页面 id	webId	varchar(45)	否	主键
标题	title	varchar(500)	否	
第三分类哈希值	thirdCategoryHash	varchar(45)	否	
店铺 id	shopId	varchar(45)	否	
品牌哈希值	brandHash	varchar(255)		
页面路径	url	varchar(255)		

7. shop_date_info(表 3-13)

表 3-13 店铺详情信息表(shop_date_info)

字段名	字段代码	类型	是否为空	备注
用户 id	id	int(10)	否	主键
店铺 id	shopId	varchar(45)	否	
日期	date	int(11)	否	
品牌销量	saleNum	int(10)	否	
品牌销售额	saleAmount	int(16)	否	
销售信息	saleInfo	varchar(500)	否	
好评率	goodRate	int(10)		
中评率	midRate	int(10)		
差评率	poorRate	int(10)		
	iSaleNum	int(10)		
	iSaleAmount	bigint(9)		

8. shop_list(表 3-14)

表 3-14 店铺信息表(shop_list)

字段名	字段代码	类型	是否为空	备注
店铺列表 id	id	int(10)	否	主键
店铺 id	shopId	varchar(45)	否	主键
店铺名	shopName	varchar(500)	否	

9. brandHash(表 3-15)

表 3-15 品牌表(brandHash)

字段名	字段代码	类型	是否为空	备注
品牌列表 id	id	int(10)	否	主键
分类名	brandHash	varchar	否	
日期	date	int	否	
销售单价	saleNum	int	否	
销售单价百分比	saleNumPercentage	int	否	
销售数量	saleAmount	int	否	
销售数量百分比	saleAmountPercentage	int	否	
分类信息	categoryHash	varchar	否	
创建者信息	creditInfo	varchar	否	

续表

字段名	字段代码	类型	是否为空	备注
好评率	goodRate	int	否	
中评率	midRate	int	否	
差评率	poorRate	int	否	

10. goods_data_info_new(表 3-16)

表 3-16　新商品详细信息表(goods_data_info_new)

字段名	字段代码	类型	是否为空	备注
商品 id	id	int(10)	否	主键
网站 id	webId	varchar	否	
三级分类	thirdCategoryHash	int	否	
日期	date	int	否	
标题	title	int	否	
价格	price	int	否	
创建者信息	creditInfo	int	否	
是否在销售	isOnSale	varchar	否	
中评率	midRate	varchar	否	
好评率	goodRate	int	否	
差评率	poorRate	int	否	
销售数量	saleNum	int	否	

11. start_config(表 3-17)

表 3-17　开始设置表(start_config)

字段名	字段代码	类型	是否为空	备注
开始设置 id	id	int(10)	否	主键
查询	query	varchar	否	
表名称	table_name	varchar	否	
开始日期	start_date	date	否	
结束日期	end_date	date	否	
网页	web_site	varchar	否	
列表	ins_col_list	varchar	否	
字符类型	char_code	varchar	否	

12. goods_list_new（表 3-18）

表 3-18　新商品表（goods_list_new）

字段名	字段代码	类型	是否为空	备注
商品列表 id	id	int(10)	否	主键
网页 id	webId	varchar	否	主键
标题	title	varchar	否	
三级查询	thirdCategoryHash	date	否	
品牌 id	shopId	date	否	
所属店铺	brandHash	varchar	否	
链接	url	varchar	否	

13. keyword_date_info（表 3-19）

表 3-19　商品排行表（keyword_date_info）

字段名	字段代码	类型	是否为空	备注
商品列表 id	id	bigint	否	主键
网页 id	webId	varchar	否	
标题	title	varchar	否	
所属商店	shopHash	varchar	否	
所属品牌	brandHash	varchar	否	
所属分类	categoryHash	varchar	否	
搜索	keywordHash	varchar	否	
日期	date	int		
排行	rank	int		

14. parser_config（表 3-20）

表 3-20　分析设置表（parser_config）

字段名	字段代码	类型	是否为空	备注
解析器 id	id	int	否	主键
网站	website	varchar	否	
文件夹	folder	varchar	否	
类型	type	varchar	否	
表明	table_name	varchar	否	
规则所属分类	parser_rule	varchar	否	
记录节点	record_node	varchar		
最低规则	row_key_rule	varchar		

15. product_from_gao(表 3-21)

表 3-21　产品来自 gao 表(product_from_gao)

字段名	字段代码	类型	是否为空	备注
产品 id	id	bigint	否	主键
网站 id	webId	varchar	否	
名称	name	varchar	否	
价格	price	int	否	
链接	url	varchar	否	
一级分类	type1	varchar	否	
二级分类	type2	varchar	否	
三级分类	type3	varchar	否	
品牌	brand	varchar	否	
店铺	shop	varchar	否	
好评数	good	int	否	
中评数	middle	int	否	
差评数	bad	int	否	
日期	date	int	否	
所属店铺	shopHash	varchar	否	
所属品牌	brandHash	varchar	否	
所属类别	categoryHash	varchar	否	
销售数量	saleNum	int	否	

16. product_from_lin(表 3-22)

表 3-22　产品来自 lin 表(product_from_lin)

字段名	字段代码	类型	是否为空	备注
产品 id	id	bigint	否	主键
网站 id	webId	varchar	否	
名称	name	varchar	否	
价格	price	int	否	
链接	url	varchar	否	
一级分类	type1	varchar	否	
二级分类	type2	varchar	否	
三级分类	type3	varchar	否	
品牌	brand	varchar	否	

续表

字段名	字段代码	类型	是否为空	备注
店铺	shop	varchar	否	
好评数	good	int	否	
中评数	middle	int	否	
差评数	bad	int	否	
日期	date	int	否	
所属店铺	shopHash	varchar	否	
所属品牌	brandHash	varchar	否	
所属类别	categoryHash	varchar	否	
销售数量	saleNum	int	否	

17. scheduler_task(表 3-23)

表 3-23　调度工作表(scheduler_task)

字段名	字段代码	类型	是否为空	备注
产品 id	id	bigint	否	主键
网站	website	varchar	否	
路径	path	varchar	否	
状态	status	int	否	
工作 id	job_id	varchar		
分类	type	varchar	否	
创建时间	create_time	varchar	否	
修改时间	modify_time	varchar	否	
错误信息	error_info	varchar		

18. t_goods_date_info(表 3-24)

表 3-24　商品详细信息表(t_goods_date_info)

字段名	字段代码	类型	是否为空	备注
产品 id	id	bigint	否	主键
网站 id	webId	varchar	否	
所属三级类别	thirdCategoryHash	varchar	否	
日期	date	int	否	
标题	title	varchar		
价格	price	varchar	否	

续表

字段名	字段代码	类型	是否为空	备注
信用信息	creditInfo	varchar	否	
是否在销售	isOnSale	varchar	否	
中评率	midRate	varchar		
好评率	goodRate	varchar		
差评率	poorRate	varchar		
销量	saleNum	varchar		
印象	impress	varchar		

19. t_shop_date_info(表 3-25)

表 3-25 店铺详情信息表(t_shop_date_info)

字段名	字段代码	类型	是否为空	备注
用户 id	id	int(10)	否	主键
店铺 id	shopId	varchar(45)	否	
日期	date	int(11)	否	
品牌销量	saleNum	int(10)	否	
品牌销售额	saleAmount	int(16)	否	
销售信息	saleInfo	varchar(500)	否	
好评率	goodRate	int(10)		
中评率	midRate	int(10)		
差评率	poorRate	int(10)		
销量	iSaleNum	int(10)		
销售额	iSaleAmount	bigint(9)		

20. t2_goods_date_info(表 3-26)

表 3-26 商品详细信息表(t2_goods_date_info)

字段名	字段代码	类型	是否为空	备注
产品 id	id	bigint	否	主键
网站 id	webId	varchar	否	
所属三级类别	thirdCategoryHash	varchar	否	
日期	date	int	否	
标题	title	varchar		
价格	price	varchar	否	

续表

字段名	字段代码	类型	是否为空	备注
信用信息	creditInfo	varchar	否	
是否在销售	isOnSale	varchar	否	
中评率	midRate	int		
好评率	goodRate	int		
差评率	poorRate	int		
销量	saleNum	int		
印象	impress	text	否	
销量	iSaleNum	int		
销售额	iSaleAmount	bigint		
销售额	saleAmount	bigint		

21. category_daily_sale_info(表 3-27)

表 3-27 每日分类销售信息表(category_daily_sale_info)

字段名	字段代码	类型	是否为空	备注
每日销售信息分类 id	id	bigint	否	主键
日期	date	varchar	否	
分类	category	varchar	否	
所属分类	categoryHash	int	否	
分类等级	categoryLevel	varchar		
销售数量	saleNum	int		
销售额	saleAmount	int		

22. user(表 3-28)

表 3-28 用户表(user)

字段名	字段代码	类型	是否为空	备注
用户 id	id	bigint	否	主键
用户名	username	varchar	否	
密码	password	varchar	否	
创建时间	createdAt	datetime		

3.6　界面设计

3.6.1　首页设计

首页旨在让用户了解概况,用户不但可以看到平台近期都有哪些热词,还可以看到本周销量排行前十的商品、店铺、品牌,让用户能一眼就了解到近期热点。其页面除左侧菜单以及顶部外,内容部分可分为五部分:平台基本信息、热搜词云、商品销量排行前十排行榜、店铺销量排行前十排行榜、品牌销量排行前十排行榜。如图 3-36 所示。

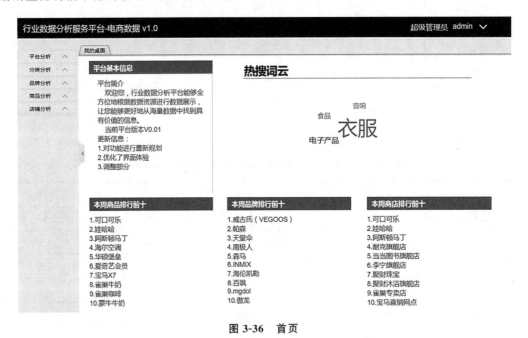

图 3-36　首页

3.6.2　平台分析页面设计

平台分析旨在让用户了解现在所分析数据来源电商平台的近期销售情况。其页面内容除左侧以及顶部沿用首页外,内容部分包括××平台分析、××平台总销量/销售额走势图。

其中,××平台总销量/销售额根据时间限定范围来显示,具体结构如图 3-37 所示。

3.6.3　热销分析页面设计

热销分析旨在让用户可以准确了解到近期热销品牌、热销商品、热销店铺的销售情况。其页面除左侧以及顶部沿用首页外,内容部分包括热销品牌统计、热销商品统计、热销店铺统计,具体结构如图 3-38 和图 3-39 所示。

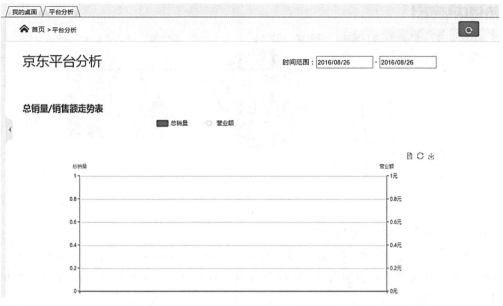

图 3-37 平台分析

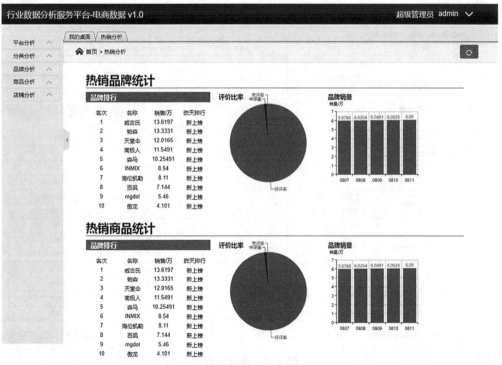

图 3-38 热销分析-1

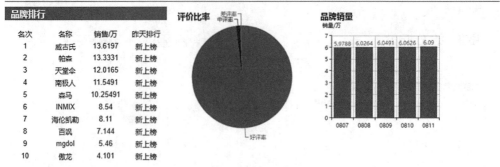

图 3-39   热销分析-2

3.6.4   品牌分析页面设计

品牌分析旨在让用户可以快捷方便地找到自己所关注的品牌,并查看其销售情况。其页面除左侧以及顶部沿用首页外,内容部分包括关注列表、品牌列表。具体结构如图 3-40 所示。

关注列表(按昨日销量、昨日销售额降序排列)

序号	品牌	昨日销量(件)	昨日销售额 (万元)	操作
1	嫣语汐菲 (yanyuxifei)	0	0	取消关注
2	歌雪思 (gexuesi)	0	0	取消关注
3	好景鸟 (haojingniao)	0	0	取消关注

页数 : 1/2   共6条数据   上一页   下一页

品牌列表 (按销量降序排列)

序号	品牌	昨日销量(件)	昨日销售额 (万元)	操作
1	ruilibeika	0	0	取消关注
2	歌雪思 (gexuesi)	0	0	取消关注
3	好景鸟 (haojingniao)	0	0	取消关注
4	喜莱多 (xilaiduo)	0	0	关注
5	嫣语汐菲 (yanyuxifei)	0	0	关注
6	joelance	0	0	关注
7	谜&蔻 (mekoo)	0	0	关注
8	麦童庄	0	0	关注
9	劲斗鸟 (jindouniao)	0	0	关注
10	雅兰芬 (yalanfen)	0	0	关注

页数 : 1/2000   共20001条数据   上一页   下一页

图 3-40   品牌分析

3.6.5   分类分析页面设计

分类分析旨在让用户以逐级分类的形式找到自己所想查看的商品,以及查看其销售情况。其页面除左侧以及顶部沿用首页外,内容部分包括顶部的分类选择和时间范围选择、已选分类销售及销售额每日变化、已选分类热销品牌排行、已选分类热销店铺排行、已选分类热销品牌排行、已选分类各个价格区间商品销售情况。具体结构如图 3-41 和图 3-42 所示。

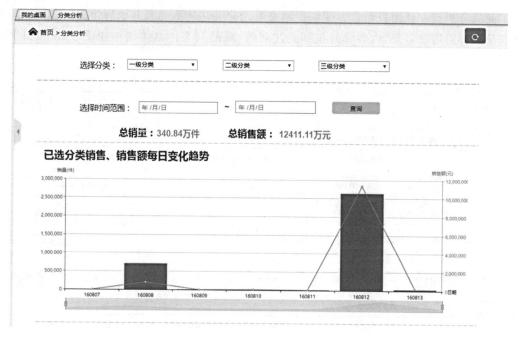

图 3-41　分类分析-1

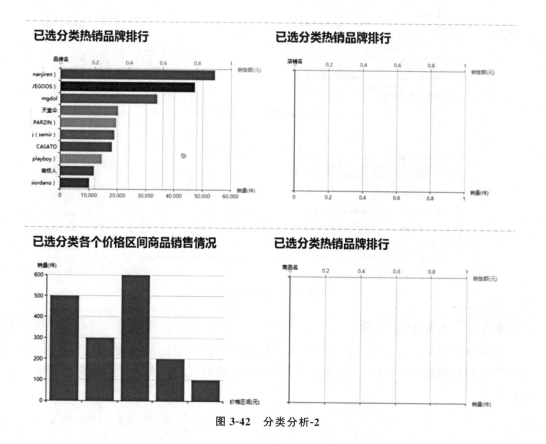

图 3-42　分类分析-2

3.6.6 商品分析页面设计

商品分析旨在让用户可以方便快捷地查看用户关注的商品及其销售情况。其页面除左侧以及顶部沿用首页外,内容部分包括关注列表、商品列表。具体结构如图 3-43 和图 3-44 所示。

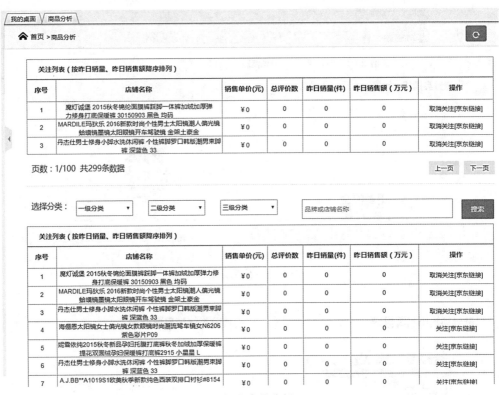

图 3-43 商品分析-1

图 3-44 商品分析-2

3.6.7 店铺分析页面设计

店铺分析旨在让用户可以方便快捷地查看用户关注的店铺及其销售情况。其页面除左侧以及顶部沿用首页外,内容部分包括关注列表、店铺列表。具体结构如图 3-45 和图 3-46 所示。

图 3-45 店铺分析-1

7	谜&蔻（mekoo）	0	0	关注
8	麦童庄	0	0	关注
9	劲斗鸟（jindouniao）	0	0	关注
10	雅兰芬（yalanfen）	0	0	关注

页数：1/2100 共21005条数据　　　　　　　　　　　首页　上一页　下一页　末页

图 3-46 店铺分析-2

3.6.8 店铺详情页面设计

店铺详情页设计旨在让用户了解具体某一家店铺的销售情况，如图中的歌思雪灌口旗舰店。其页面除左侧以及顶部沿用首页外，内容部分包括顶部的店铺展示列表、店铺销量及销售额、店铺中热销品牌排行、店铺中热销商品排行，店铺中二、三级分类销售比重，店铺中各个价格区间商品销售比例。具体页面结构如图 3-47、图 3-48 所示。

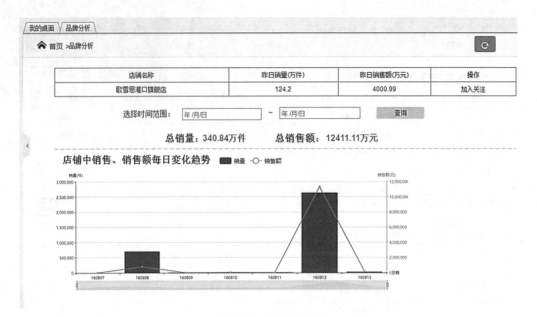

图 3-47　店铺详情-1

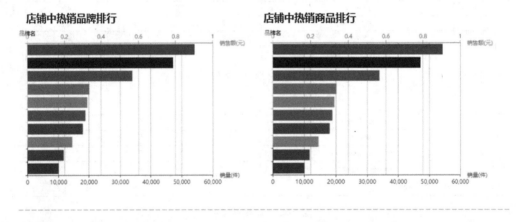

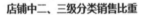

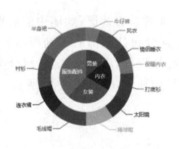

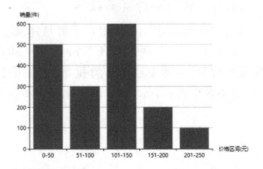

图 3-48　店铺详情-2

3.6.9　品牌详情页面设计

品牌详情页设计旨在让用户了解某一品牌的销售情况。其页面除左侧以及顶部沿用首页外,内容部分包括销量及销售额变化趋势、品牌下店铺列表、品牌下商品列表。具体页面结构如图 3-49、图 3-50 所示。

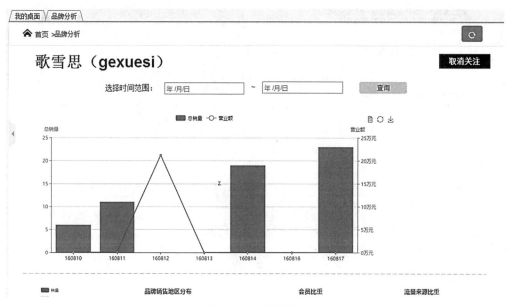

图 3-49　品牌详情-1

品牌下的店铺列表

ID	店铺名称	操作
21064	歌雪思灌口旗舰店	加入关注
21955	歌雪思集美旗舰店	加入关注
21065	歌雪思厦门旗舰店	加入关注

页数:1/30　共89条数据　　　　　　　　　　　　上一页　　下一页

品牌下的商品列表　　　　　　　　　　　　　　　　　　　　　　　按照销量排序 ▼

商品名	销量万	营业额万	链接	店铺名	分类	操作
连衣裙	1.1	350	www.taobao.com	歌雪思灌口旗舰店	女装	查看
运动短裤	1.9	497.5	www.taobao.com	歌雪思灌口旗舰店	运动服饰	查看
跑鞋	10.2	3015.2	www.taobao.com	歌雪思灌口旗舰店	鞋类	查看

页数:1/200　共598条数据　　　　　　　　　　　上一页　　下一页

图 3-50　品牌详情-2

3.6.10　商品详情页面设计

商品详情页设计旨在让用户了解某一商品的销售情况。其页面除左侧以及顶部沿用首页外,内容部分包括商品详情列表、销售额、销量以及单价变化趋势。具体页面结构如图 3-51所示。

商品名称	销售单价(元)	总评价数	昨日销量(件)	昨日销售额（万元）	操作
魔灯诚堡 2015秋冬锦纶面膜裤踩脚一体裤加绒加厚 弹力修身打底保暖裤 30150903 黑色 均码	¥0	0	0	0	取消关注[京东链接]

图 3-51　商品详情

第四章　详细设计

4.1　详细设计简述

4.1.1　设计简介

某电子商务产品销售数据分析系统项目在设计思路上采用 MVC 的设计模式——Model 模型层、View 视图层、Controller 控制层;在体系架构上选择用 SSM 框架,形成如下的四层结构:表现层、控制层、业务逻辑层、数据持久层,如图 4-1 所示。

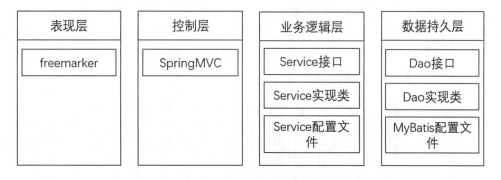

图 4-1　架构设计分层示意图

表现层:用于展示系统的业务信息及接收用户输入信息。

控制层:接收从表现层传输的用户请求信息,并将封装好的实体对象发送到对应的业务处理单元,同时接收业务逻辑层处理结果,指定相应的表现层 ftl(Freemarker)页面展现需求数据,实现页面跳转与信息显示。

业务逻辑层:业务逻辑层为系统的核心层,提供了大量业务服务组件,利用 SpringMVC 负责处理控制层发送过来的业务数据。系统中绝大部分业务处理都在该层实现。

数据持久层:数据持久层利用 MyBatis 负责数据的持久操作,如和数据库交互,与数据库进行连接交互。

4.1.2　模块简介

某电子商务产品销售数据分析系统主要模块为客户端子系统,平台主要模块如图 4-2 所示。

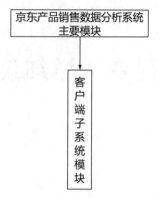

图 4-2　平台主要模块

客户端子系统主要功能如图 4-3 所示,参与角色是超级管理员,超级管理员可查看、下载相应数据并进行分析。

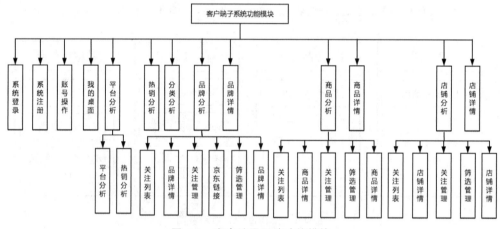

图 4-3　客户端子系统功能模块

1. 系统登录

用户进入系统首页后,系统即显示登录界面。如果用户没有用户名和密码,需要进行系统注册。

2. 系统注册

用户第一次进入系统之前,需要进行注册,从而成为注册超级管理员,进而使用系统。

3. 账号操作

账号操作主要包括个人信息、切换账号、退出。超级管理员可以对账号进行管理。

4. 我的桌面

我的桌面模块是由系统显示的本平台公告栏信息和电商平台内热搜词云、本周热销商品前十排行榜、本周热销品牌前十排行榜、本周热销店铺前十排行榜。

5. 平台分析

平台分析模块分为两部分,分别是平台分析和热销分析。超级管理员可以选择平台分析或热销分析。

6. 热销分析

热销分析是帮助用户分析平台内热销的商品、品牌和店铺,包括查看电商平台内热销商品的排行榜、热销品牌的排行榜、热销店铺的排行榜,查看榜上某商品/品牌/店铺的评价率。超级管理员可以选择查看商品/品牌/店铺的评价率。

7. 分类分析

分类分析是帮助用户分析某类商品的销售趋势。用户可以查看时段内的某类商品的每日销量和销售额的变化趋势图、热销品牌排行、热销店铺排行以及各价格区间商品销售情况。超级管理员可以选择分类、开始时间、结束时间。

8. 品牌分析

品牌分析模块主要功能是帮助用户查看各品牌的销售情况和品牌详细信息,包括品牌的名称、昨日的销售量和销售额、关注列表。超级管理员可以筛选品牌种类、搜索关键字、关注和取消关注品牌,还可以查看品牌详情。

9. 品牌详情

品牌详情帮助用户查看品牌的详细销售信息,包括查看一定时段内的某类商品的每日销量和销售额的变化趋势图,还可以对视图进行更换数据展示方式、还原、保存为图片,查看各省份的会员比重和流量来源比重,查看旗下店铺和商品,查看品牌评价,查询各价格区间的销售情况。超级管理员可以选择数据视图、还原视图、保存为图片、省份、价格区间。

10. 商品分析

商品分析模块主要功能是帮助用户查看各商品的销售情况和商品详细信息,包括商品的名称、销售单价、总评价数、昨日销量、昨日销售额、某电子商务链接、关注列表。超级管理员可以筛选商品种类、搜索关键字、点击某电子商务链接、关注和取消关注品牌,还可以查看商品详情。

11. 商品详情

商品详情帮助用户查看商品的详细销售信息,包括查看一定时段内某类商品的每日销量和销售额的变化趋势图,查看各省份的会员比重和流量来源比重,查看商品评价。超级管理员可以选择开始时间、结束时间、省份。

12. 店铺分析

店铺分析模块主要功能是帮助用户查看各店铺的销售情况和店铺详细信息,包括店铺的名称、昨日销量、昨日销售额、关注列表。超级管理员可以筛选店铺种类、搜索关键字、关注和取消关注品牌,还可以查看店铺详情。

13. 店铺详情

店铺详情帮助超级管理员查看店铺的详细销售信息,包括查看一定时段内某类店铺的每日销量和销售额的变化趋势图,查看热销商品排行榜,查看店铺形象,查看各省份的会员比重和流量来源比重,查看各价格区间的销售情况。超级管理员可以选择开始时间、结束时间、省份、价格区间。

4.2　超级管理员端模块详细设计

客户端模块主要包括静态页面模块、登录模块、注册模块、平台分析模块、分类分析模块、品牌分析模块、商品分析模块、店铺分析模块。

4.2.1 登录模块

登录模块系统内部的相应响应操作如图 4-4 所示。

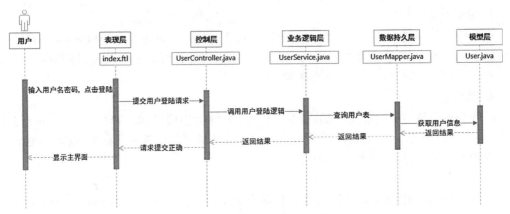

图 4-4　登录模块系统响应操作

1. 表现层

登录模块的表现层主要完成不同用户的登录功能,在登录页面要求用户输入"账号""密码"的基本信息,确认后页面给出响应消息,提示登录成功或失败。登录模块表现层对应的页面见表4-1。

表 4-1　登录模块表现层页面列表

界面	Freemarker	功能描述
登录页面	index.ftl	用户登录功能,当登录出错时给出提示

在 index.ftl 中编码逻辑的流程如图 4-5 所示。

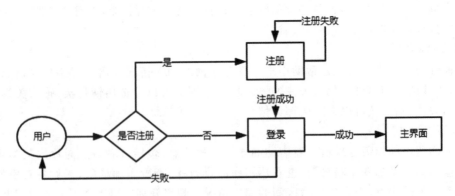

图 4-5　index.ftl 中编码逻辑的流程

2. 控制层

登录模块的控制层负责接收来自 index.ftl 的用户输入,同时调用登录模块的业务逻辑接口,将用户名与密码等用户关键信息传递到业务逻辑层进行判定。等到业务逻辑处理完成之后,将来自业务逻辑层的相应信息传到表现层,并决定显示页面。登录模块控制层列表见表 4-2。

表 4-2 登录模块控制层列表

事件	Action	转移说明	出口
登录	UserController.java	SUCCESS	index.ftl——登录成功,显示提示窗口
		ERROR	index.ftl——登录失败,显示提示窗口

在控制层中 UserController.java 的主要属性与方法如下：

```
public AjaxResult checkUser(HttpServletRequest request，User aUser) {
request.getSession().invalidate();// session
User user = userService.findByUP(aUser.getUsername()，aUser.getPassword());
// AjaxResult body
Map<String, Object> body = new HashMap<String, Object>();
if (user ! = null) {
  body.put("result", true);
  body.put("msg", "登录成功!");
  request.getSession().setAttribute("user", user);
  request.getSession().setMaxInactiveInterval(-1);
} else {
  body.put("result", false);
  body.put("msg", "账号或密码错误!");
}
return new AjaxResult("true", body);
}
```

3. 业务逻辑层

登录模块的业务逻辑层主要完成对用户登录逻辑的判定,同时调用登录模块的业务逻辑接口。比如,对用户登录时输入的用户名是否存在,密码是否正确进行判定。登录模块业务逻辑层列表见表 4-3。

表 4-3 登录模块业务逻辑层列表

事件	Service	调用说明	出口
登录	UserService.java	调用 UserController	返回给 Action

UserService.java 接口主要方法如下：

```
@Service
public class UserService {
  @Autowired
  private UserMapper userMapper;
  public User findByUP(String username, String password) {
    User user = userMapper.findByUP(username, MD5Util.encrypt(password));
    return user;
  }
  public User findByU(String username) {
    User user = userMapper.findByU(username);
    return user;
  }
  public void add(String username, String password, String nickname) {
    userMapper.add(username, password, nickname, new Date());
  }
}
```

4. 数据持久层

登录模块的数据持久层能对用户数据进行增、删、改、查操作。登录模块数据持久层列表见表 4-4。

表 4-4　登录模块数据持久层列表

事件	DAO	调用数据模型	说明
登录	UserMapper.java	调用 user.Java	对用户信息进行增、删、改、查操作

UserMapper.java 接口定义对用户信息进行增、删、改、查的接口：

```
public interface UserMapper {
  User findByUP(String username, String password);
  User findByU(String username);
  void add(String username, String password, String nickname, Date createdAt);
}
```

5. 模型层

登录模块用到模型层中 User.java。User.java 是一个公用模型，在涉及用户信息查询等操作时，就会调用到该模型。登录模块模型层列表见表 4-5。

表 4-5　登录模块模型层列表

模型	描述
User.java	对用户信息的增、删、改、查操作

User.java 主要属性与方法如下：

```
public class User {
    private Integer id;
    private String username;
    private String password;
    private String nickname;
    private Date createdAt;
    // 省略 getter,setter
}
```

4.2.2 注册模块

在注册模块时,系统内部的相应响应操作如图 4-6 所示。

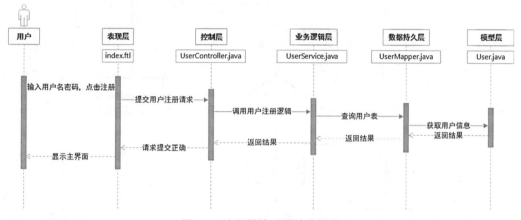

图 4-6　注册模块系统响应操作

1. 表现层

注册模块的表现层主要完成不同用户的注册功能,在注册页面要求用户输入要注册的"账号"和"密码",点击"确认注册"后页面给出响应消息,提示注册成功或失败。注册模块表现层对应的页面列表见表 4-6。

表 4-6　注册模块表现层页面列表

界面	Freemarker	功能描述
注册页面	reg.ftl	新用户注册功能,检测用户账号是否合法,注册失败给出提示

在 reg.ftl 中编码逻辑的流程如图 4-7 所示。

2. 控制层

注册模块的控制层负责接收来自 reg.ftl 的用户输入,同时调用注册模块的业务逻辑接口,将用户名与密码等用户关键信息传递到业务逻辑层进行判定。等到业务逻辑处理完成之后,将来自业务逻辑层的相应信息传到表现层,并决定显示页面。注册模块控制层列表见表 4-7。

表 4-7 注册模块控制层列表

事件	Action	转移说明	出口
注册	UserController.Java	SUCCESS	index.ftl——注册成功,提示窗口,返回注册页面要求用户重新输入刚注册的用户名、密码进行登录
		ERROR	reg.ftl——注册失败,提示,停留在注册页面进行下一次尝试

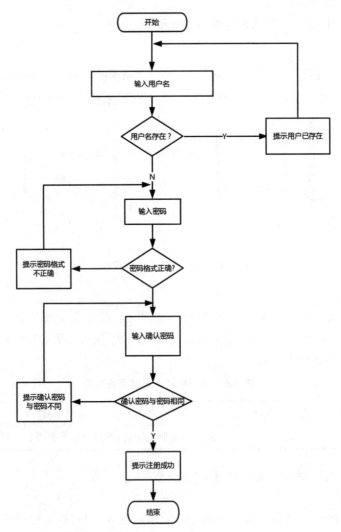

图 4-7 reg.ftl 中编码逻辑的流程

在控制层中 UserController.Java 的主要属性与方法如下:

```
public AjaxResult regSubmit(String username, String nickname, String password){
  User user = userService.findByU(username);
  Map<String, Object> body = new HashMap<String, Object>();
  if (user ! = null) {
    body.put("state", "2");
    body.put("msg", "该用户名已注册过");
  } else {
    userService.add(username, MD5Util.encrypt(password), nickname);
    body.put("state", "1");
    body.put("msg", "注册成功");
  }
  return new AjaxResult("true", body);
}
```

3. 业务逻辑层

注册模块的业务逻辑层主要完成对用户注册逻辑的判定,同时调用注册模块的业务逻辑接口。比如,对输入的用户名是否合法,密码是否合法以及确认密码与密码是否相同进行判定,注册模块业务逻辑层列表见表 4-8。

表 4-8　注册模块业务逻辑层列表

事件	Action	调用说明	出口
注册	UserService.Java UserController.Java	调用 UserMapper	返回给 Action

在注册模块的业务逻辑层调用了 UserService 接口,用 UserController.Java 完成该注册功能。

4. 数据持久层

注册模块的数据持久层与登录模块的相同,能对用户数据进行增、删、改、查操作。注册模块数据持久层列表见表 4-9。

表 4-9　注册模块数据持久层列表

事件	DAO	调用数据模型	说明
登录	UserMapper.java UserService.java	调用 user.Java	对用户信息进行增、删、改、查操作

5. 模型层

注册模块用到模型层中 User.java。User.java 是一个公用模型,在涉及用户信息增加、查询等操作时,就会调用到该模型。注册模块模型层列表见表 4-10。

表 4-10　注册模块模型层列表

模型	描述
User.java	对用户信息进行增、删、改、查操作

User.java 主要属性与方法如下：

```
public class User {
    private Integer id;
    private String username;
    private String password;
    private String nickname;
    private Date createdAt;
    // 省略 getter,setter
}
```

4.2.3　平台分析模块

平台分析模块系统内部的相应响应操作如图 4-8 所示。

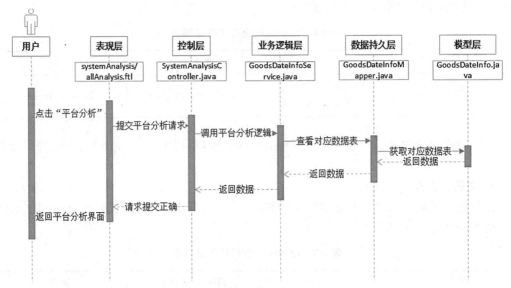

图 4-8　平台分析模块系统响应操作

1. 表现层

平台分析模块的表现层主要完成对用户选择的时间范围（以天为单位），对某电子商务平台进行总销量和销售额的分析操作，用户进入该功能模块选择平台分析，平台分析模块展示分析结果数据。平台分析模块表现层对应的页面列表见表 4-11。

表 4-11 平台分析模块表现层页面列表

界面	Freemarker	功能描述
平台分析界面	allAnalysis.ftl systemAnalysis/index.ftl	平台分析功能,包括对某电子商务平台进行总销量和销售额的分析操作

2. 控制层

平台分析模块的控制层负责接收来自用户的分析请求,同时调用平台模块的业务逻辑接口,将信息传递到业务逻辑层进行判定。等到业务逻辑处理完成之后,将来自业务逻辑层的相应信息传到表现层,并决定显示页面的内容。平台分析模块控制层列表见表4-12。

表 4-12 平台分析模块控制层列表

事件	Action	转移说明	出口
平台分析	SystemAnalysis Controller.Java	SUCCESS	allAnalysis. ftlsystemAnalysis/index. ftl——直接显示平台分析结果页面
		ERROR	allAnalysis. ftlsystemAnalysis/index. ftl——点击失败后提示

在控制层中 SystemAnalysisController.Java 的主要属性与方法如下:

```java
@RequestMapping("getHotproduct")
public @ResponseBody AjaxResult getHotproduct(){
    SimpleDateFormat sdf = new SimpleDateFormat("yyMMdd");
    Calendar cal = Calendar.getInstance();
    cal.add(Calendar.DATE, -1);
    Date d1 =cal.getTime();
    String d = sdf.format(d1);
    d="160808";
    List<ChartDateHash> hotProduct = goodsDateInfoService.rankGoodsHot(d,10);
    String result = JsonMapper.toJson(hotProduct);
    return new AjaxResult("true", result);
}
```

部分方法的流程图如下:

public @ResponseBody AjaxResult getHotProduct()方法的流程如图 4-9 所示。

图 4-9　getHotProduct 方法的流程

public @ResponseBody AjaxResult getSystemSaleInfoByDay(String d1,String d2)方法的流程如图 4-10 所示。

图 4-10　getSystemSaleInfoByDay 方法的流程

3. 业务逻辑层

平台分析模块的业务逻辑层主要完成对某电子商务平台进行总销量和销售额的分析，同时调用对应业务逻辑接口。平台分析模块业务逻辑层列表见表 4-13。

表 4-13　平台分析模块业务逻辑层列表

事件	Action	调用说明	出口
平台分析服务模块	DataminingResultService.Java	调用 DataminingResultMapper	返回给 Action

DataminingResultService.Java 接口主要方法如下：

```
@Service
public class DataminingResultService {
    @Autowired
    private DataminingResultMapper dataminingResultMapper；
    public int insert(DataminingResult dr) {
        return dataminingResultMapper.insert(dr)；
    }
    public DataminingResult findByHas(String has) {
        return dataminingResultMapper.findByHas(has)；
    }
}
```

4. 数据持久层

平台分析模块的数据持久层主要对某电子商务销售额和销售量信息的查询数据进行整合。平台分析模块数据持久层列表见表 4-14。

表 4-14　平台分析模块数据持久层列表

事件	DAO	调用数据模型	说明
选课	DataminingResult Mapper.java	调用 course.java	对学生选课信息进行增、删、改、查操作

DataminingResultMapper.java 接口定义对用户信息进行增、查的接口：

```
public interface DataminingResultMapper {
    int insert(DataminingResult dataminingResult)；
    DataminingResult findByHas(String has)；
}
```

5. 模型层

平台分析模块用到模型层中 DataminingResult.java，在涉及平台分析信息查询等操作时，就会调用到该模型。平台分析模块模型层列表见表 4-15。

表 4-15　平台分析模块模型层列表

模型	描述
DataminingResult.java	对平台信息持久化

DataminingResult.java 主要属性与方法如下：

```
public class DataminingResult {
    private long id；
    private Date systemTime；
    private String categoryHash；
    private String json；
    // 省略 getter,setter
}
```

4.2.4　分类分析模块

选择分类分析模块时,系统内部的相应响应操作如图 4-11、图 4-12 所示。

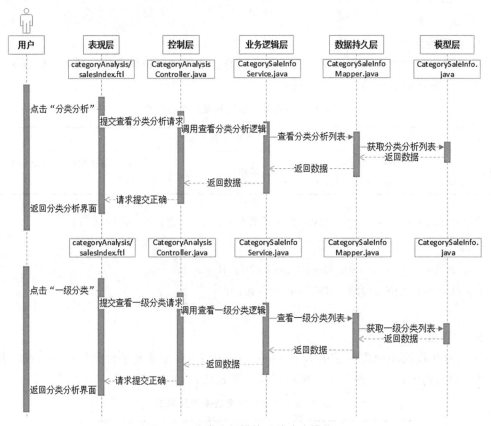

图 4-11　分类分析模块系统响应操作-1

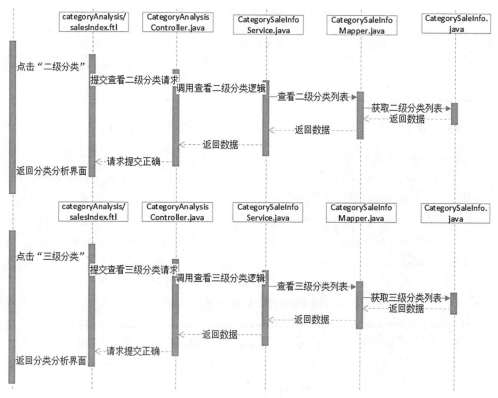

图 4-12　分类分析模块系统响应操作-2

1. 表现层

分类分析模块的表现层主要完成不同商品种类的查询功能，在查询页面要求用户选择分类的基本信息，确认后页面给出响应消息，显示成功或失败的提示。分类分析模块表现层对应的页面列表见表 4-16。

表 4-16　分类分析模块表现层页面列表

界面	Freemarker	功能描述
分类分析	salesIndex.ftl salesChart.ftl hotShop.ftl hotProduct.ftl hotBrand.ftl	进行分类查询

2. 控制层

分类分析模块的控制层负责接收来自 salesIndex.ftl 等的用户输入，同时调用分类分析查询模块的业务逻辑接口，将信息传递到业务逻辑层进行判定。等到业务逻辑处理完成之后，将来自业务逻辑层的相应信息传到表现层，并决定显示页面。分类分析模块控制层列表见表 4-17。

表 4-17　分类分析模块控制层列表

事件	Action	转移说明	出口
分类 分析	CategoryAnalysis Controller.java	SUCCESS	页面根据用户选择的分类给出 查询结果,显示页面。

在控制层中 CategoryAnalysisController.java 的主要属性与部分方法如下:

```
@ResponseBody
@ RequestMapping ( value = "/getSaleNumSaleAmoutBySecondCategoryHash",
method = RequestMethod.GET)
public AjaxResult getSaleNumSaleAmoutBySecondCategoryHash
(HttpServletRequest request,String categoryHash,String beginDate,
String endDate) {
    CategorySaleInfoVo category = categorySaleInfoService.
    getSaleNumSaleAmoutBySecondCategoryHash(categoryHash,
    String.valueOf(DateUtil.transformDateStrToServer(beginDate)),
    String.valueOf(DateUtil.transformDateStrToServer(endDate)));
    Map<String, Object> body = new HashMap<String, Object>();
    body.put("category", category);
    return new AjaxResult("true", body);
}
```

部分方法的流程图如下:

public AjaxResult getSaleNumSaleAmoutBySecondCategoryHash 方法的流程如图
4-13所示。

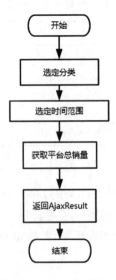

图 4-13　getSaleNumSaleAmoutBySecondCategoryHash 方法的流程

3. 业务逻辑层

分类分析查询模块的业务逻辑层主要完成对电子商务数据分析查询逻辑的判定,同时调用分类查询模块的业务逻辑接口,见表 4-18。

表 4-18 分类分析模块业务逻辑层列表

事件	Service	调用说明	出口
分类查询	CategorySaleInfoService.java	调用 DAO—CategorySaleInfoMapper.java	返回给 Action

CategorySaleInfoService.java 接口主要方法如下:

```java
@Service
public class CategorySaleInfoService {
  @Autowired
  private CategorySaleInfoMapper categorySaleInfoMapper;
  public CategorySaleInfoVo getSaleNumSaleAmoutByFirstCategoryHash(String
  categoryHash, String beginDate, String endDate) {
    List<CategorySaleInfoVo> list =
    categorySaleInfoMapper.getSaleNumSaleAmoutByFirstCategoryHash
    (categoryHash, beginDate, endDate);
    return list.size() == 0 ? null : list.get(0);
  }
  public CategorySaleInfoVo getSaleNumSaleAmoutBySecondCategoryHash
  (String categoryHash, String beginDate, String endDate) {
    List<CategorySaleInfoVo> list =
    categorySaleInfoMapper.getSaleNumSaleAmoutBySecondCategoryHash
    (categoryHash, beginDate, endDate);
    return list.size() == 0 ? null : list.get(0);
  }
  public CategorySaleInfoVo getSaleNumSaleAmoutByThirdCategoryHash(String
  categoryHash, String beginDate, String endDate) {
    List<CategorySaleInfoVo> list =
    categorySaleInfoMapper.getSaleNumSaleAmoutByThirdCategoryHash
    (categoryHash, beginDate, endDate);
    return list.size() == 0 ? null : list.get(0);
  }
}
```

4. 数据持久层

分类分析模块的数据持久层能对用户数据进行增、删、改、查操作。分类分析模块数据持久层列表见表 4-19。

表 4-19　分类分析模块数据持久层列表

事件	DAO	调用数据模型	说明
分类分析	CategorySaleInfo Mapper.java	调用 Grade.Java	对成绩进行增、删、改、查操作

CategorySaleInfoMapper.java 接口定义对用户信息进行增、删、改、查的接口：

```
public interface CategorySaleInfoMapper {
    int deleteByPrimaryKey(Integer id);
    int insert(CategorySaleInfo record);
    int insertSelective(CategorySaleInfo record);
    CategorySaleInfo selectByPrimaryKey(Integer id);
    int updateByPrimaryKeySelective(CategorySaleInfo record);
    int updateByPrimaryKey(CategorySaleInfo record);
}
```

5. 模型层

分类分析模块用到模型层中 CategorySaleInfo.java。CategorySaleInfo.java 是一个公用模型，在涉及分类信息查询等操作时，就会调用到该模型。分类分析模块模型层列表见表 4-20。

表 4-20　分类分析模块模型层列表

模型	描述
CategorySaleInfo.java	对分类信息的增、删、改、查操作

CategorySaleInfo.java 主要属性与方法如下：

```
public class CategorySaleInfo {
    private Integer id;
    private String categoryhash;
    private Integer date;
    private Integer salenum;
    private Integer salenumpercentage;
    private Long saleamount;
    private Integer saleamountpercentage;
    private String creditinfo;
    private Integer iSaleNum;
    private Long iSaleAmount;
    // 省略 getter,setter
}
```

4.2.5 品牌分析模块

在品牌分析模块时,系统内部的相应响应操作如图 4-14 所示。

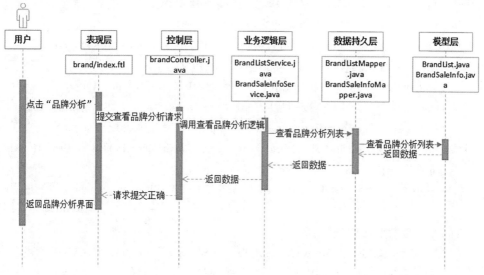

图 4-14 品牌分析系统响应操作

1. 表现层

品牌分析表现层对应的页面列表见表 4-21。

表 4-21 品牌分析表现层对应页面列表

界面	Freemarker	功能描述
品牌分析	hotRank.ftl Index.ftl Price.ftl	进行分类查询

2. 控制层

品牌分析模块的控制层负责接收来自 index.ftl 的用户输入,同时调用品牌分析的业务逻辑接口。等到业务逻辑处理完成之后,将来自业务逻辑层的相应信息传到表现层,并决定显示页面。品牌分析模块控制层列表见表 4-22。

表 4-22 品牌分析模块控制层列表

事件	Action	转移说明	出口
品牌分析	brandController.java	SUCCESS	品牌分析

在控制层中 brandController.java 的主要属性与方法如下:

```
@RequestMapping("/findGoodsByBrand")
public @ResponseBody AjaxResult findGoodsByBrand(HttpServletRequest
request，String brandHash，Integer page，String type){
    User user = (User) request.getSession().getAttribute("user");
    int count = goodsListService.getPageNumByBrandHash(brandHash);
    NewPage p = new NewPage(page, 10, count);
    Map<String, Object> pageInfo = new HashMap<String, Object>();
    if(type.equals("1")){ //按销量降序排列
        List<GoodsListToShow> goodsListToShow = goodsListService.
        findGoodsListToShowByBrandOrderBySaleNum(user.getId(), brandHash,
        p.getFromRecord(),p.getRecordsPerPage());
        pageInfo.put("goodsListToShow", goodsListToShow);
    }
    else{ //按营业额降序排列
        List<GoodsListToShow> goodsListToShow = goodsListService.
        findGoodsListToShowByBrandOrderBySaleAmount(user.getId(),
        brandHash,p.getFromRecord(),p.getRecordsPerPage());
        pageInfo.put("goodsListToShow", goodsListToShow);
    }
    pageInfo.put("page", p.getCurrentPageNum());
    String result = JsonMapper.toJson(pageInfo);
    return new AjaxResult("true", result);
}
@RequestMapping("/getBrandDailySaleInfo")
public @ResponseBody AjaxResult getBrandDailySaleInfo (String brandHash,
String d1,String d2){
    d1 = d1.replaceAll("-", "");
    d2 = d2.replaceAll("-", "");
    d1 = d1.substring(2, 8);
    d2 = d2.substring(2, 8);
    int startDate = Integer.parseInt(d1);
    int endDate = Integer.parseInt(d2);
    List<BrandSaleInfo> list = brandSaleInfoService.getBrandDailySaleInfo
    (brandHash, startDate, endDate);
    Map<String, Object> result = new HashMap<String, Object>();
    result.put("list", list);
    return new AjaxResult("true",result);
}
```

部分方法的流程如下：

public @ResponseBody AjaxResult findGoodsByBrand（HttpServletRequest request，String brandHash，Integer page，String type）方法的流程如图 4-15 所示。

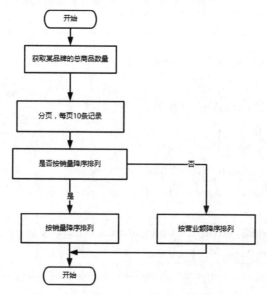

图 4-15　findGoodsByBrand 方法的流程

public @ResponseBody AjaxResult getBrandDailySaleInfo（String brandHash，String d1，String d2）方法的流程如图 4-16 所示：

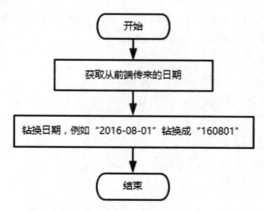

图 4-16　getBrandDailySaleInfo 方法的流程

3. 业务逻辑层

品牌分析模块的业务逻辑层主要完成对品牌分析逻辑的判定，同时调用品牌分析模块的业务逻辑接口。品牌分析模块业务逻辑层列表见表 4-23。

表 4-23　品牌分析模块业务逻辑层列表

事件	Service	调用说明	出口
品牌分析	BrandListService.javaBrandSaleInfoService.java	调用 BrandListMapper.java BrandSaleInfoMapper.java	返回给 Action

BrandListService.java 接口主要方法如下：

```
@Service
public class BrandListService {
  @Autowired
  private BrandListMapper brandListMapper;
  public int getUserBrandFocusCount(int userId){
    return brandListMapper.getUserBrandFocusCount(userId);
  }
  public List<BrandListInfo> findUserFoucs(int rownumStart, int date, int
  userId, int fromPage, int pageNum) {
    return brandListMapper.findUserFoucs(rownumStart, date, userId,
    fromPage, pageNum);
  }
  public List<BrandListInfo> getBrandListWithSaleInfoAndFocus(int
  rownumStart,int userId,int date,int fromPage,int pageNum){
    return brandListMapper.getBrandListWithSaleInfoAndFocus(rownumStart,
    userId, date, fromPage, pageNum);
  }
  public BrandList findByHash(String id) {
    return brandListMapper.findByHash(id);
  }
  public int getRecordNum() {
    return brandListMapper.getRecordNum();
  }
}
```

BrandSaleInfoService.java 接口主要方法和属性如下：

```
@Service
public class BrandSaleInfoService {
  @Autowired
  private BrandSaleInfoMapper brandSaleInfoMapper;
  public List<ChartDateHash> rankBrandHot(String d, int i) {
    return brandSaleInfoMapper.rankBrandHot(d, i);
  }
}
```

```
public List<BrandSaleInfo> getBrandDailySaleInfo(String brandHash, int
startDate, int endDate){
    return brandSaleInfoMapper.getBrandDailySaleInfo(brandHash, startDate,
    endDate);
}
public List<SaleNumRank> getBrandSaleNumRank(String d, int i) {
    return brandSaleInfoMapper.getBrandSaleNumRank(d,i);
}
public BrandSaleInfo selectNewRate(String wid) {
    return brandSaleInfoMapper.selectNewRate(wid);
}
public List<BrandSaleInfo> selectByWebIdAndTime(String id, int t1, int t2) {
    return brandSaleInfoMapper.selectByWebIdAndTime(id,t1,t2);
}
}
```

4. 数据持久层

品牌分析模块数据持久层能对品牌信息进行查询。品牌分析模块数据持久层列表见表 4-24。

表 4-24　品牌分析模块数据持久层列表

事件	DAO	调用数据模型	说明
品牌分析	BrandListMapper.java BrandSaleInfoMapper.java	调用 BrandList.java BrandSaleInfo.java	对品牌信息进行查询

BrandListMapper.java 接口定义对品牌信息进行查询：

```
public interface BrandListMapper {
    int getRecordNum();
    List<BrandListInfo> getPageWithIsUserFocus(int userId, int fromPage, int
    toPage);
    List<BrandListInfo> findByTitleWithIsUserFocus(int userId, String title, int
    fromPage, int pageCount);
    BrandList findByWebId(String webid);
    int focusBrand(int userId, String brandHash);
    boolean isBrandFocused(int userId, String brandHash);
}
```

BrandSaleInfoMapper.java 接口定义对品牌信息进行查询：

```
public interface BrandSaleInfoMapper {
    List<BrandSaleInfo> getPage(int fromPage, int toPage);
    List<BrandSaleInfo> findByTitle(int fromPage, int toPage, String title);
    List<SaleInfo> getHotThirdCategory(String brandHash,int num,int date);
    List<SaleInfo> getHotSecondCategory(String brandHash,int num,int date);
    List<SaleInfo> getHotFirstCategory(String brandHash,int num,int date);
}
```

5. 模型层

品牌分析模块用到模型层中 BrandList.java。BrandList.java 是一个公用模型,在涉及品牌信息查询操作时,就会调用到该模型。品牌分析模块模型层列表见表 4-25。

表 4-25　品牌分析模块模型层列表

模型	描述
BrandList.java	对品牌列表的查询操作
BrandSaleInfo.java	对品牌详情信息的查询操作

BrandList.java 主要方法和属性如下:

```
public class BrandList {
    private Integer id;
    private String brand;
    private String hash;
    // 省略 getter,setter
}
```

BrandSaleInfo.java 主要方法和属性如下:

```
public class BrandSaleInfo {
    private Integer id;
    private String brandhash;
    private Integer date;
    private Integer salenum;
    private Integer salenumpercentage;
    private Integer saleamount;
    private Integer saleamountpercentage;
    private String categoryhash;
    private String creditinfo;
    private Integer goodRate;
    private Integer midRate;
    private Integer poorRate;
}
```

4.2.6　商品分析模块

在商品分析模块时,系统内部的相应响应操作如图 4-17、图 4-18 所示。

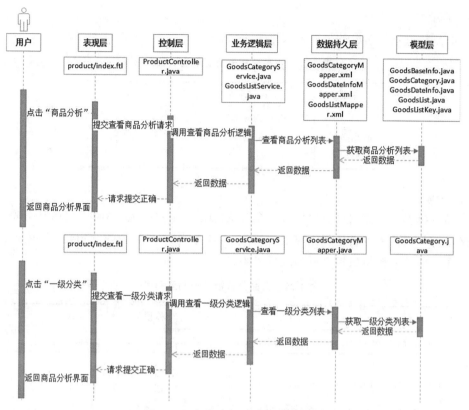

图 4-17 商品分析系统响应操作-1

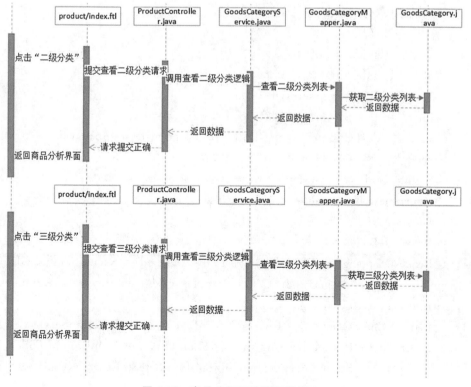

图 4-18 商品分析系统响应操作-2

1. 表现层

商品分析表现层对应的页面列表见表 4-26。

表 4-26 商品分析表现层对应页面列表

界面	Freemarker	功能描述
商品分析	WordCloud.ftl Index.ftl Price.ftl	进行分类查询

2. 控制层

商品分析模块的控制层负责接收来自 index.ftl 的用户输入,同时调用商品分析的业务逻辑接口。等到业务逻辑处理完成之后,将来自业务逻辑层的相应信息传到表现层,并决定显示页面。商品分析模块控制层列表见表 4-27。

表 4-27 商品分析模块控制层列表

事件	Action	转移说明	出口
商品分析	ProductController.java	SUCCESS	商品分析

在控制层中 ProductController.java 的主要属性与方法如下:

```
@RequestMapping("/getPriceData")
public @ResponseBody AjaxResult getPriceData(String wid, String d1, String d2) {
    d1 = d1.replaceAll("−", "");
    d2 = d2.replaceAll("−", "");
    d1 = d1.substring(2, 8);
    d2 = d2.substring(2, 8);
    int t1 = Integer.parseInt(d1);
    int t2 = Integer.parseInt(d2);
    List<GoodsDateInfo> goodsDateInfos = goodsDateInfoService.
    selectByWebIdAndTime(wid, t1, t2);
    String result = JsonMapper.toJson(goodsDateInfos);
    return new AjaxResult("true", result);
}
@ResponseBody
@RequestMapping(value = "getProductVIP", method = RequestMethod.GET)
public AjaxResult getProductVIP(HttpServletRequest request, String webId,
String beginDate, String endDate) {
    List<EChartsMapVo> eChartsMapVoList = goodsDateInfoService.
    getProductVIP(webId,String.valueOf(DateUtil.transformDateStrToServer
    (beginDate)),String.valueOf(DateUtil.transformDateStrToServer(endDate)));
```

```
    Map<String, Object> body = new HashMap<String, Object>();
    body.put("eChartsDataList", eChartsMapVoList);
    return new AjaxResult("true", body);
}
@ResponseBody
@RequestMapping(value = "getProductAppraise", method = RequestMethod.GET)
public AjaxResult getProductAppraise (HttpServletRequest request, String
webId, String beginDate, String endDate) {
    List<EChartsMapVo> eChartsMapVoList = goodsDateInfoService.
    getProductAppraise(webId, String.valueOf(DateUtil.transformDateStrToServer
    (beginDate)), String.valueOf(DateUtil.transformDateStrToServer(endDate)));
    Map<String, Object> body = new HashMap<String, Object>();
    body.put("eChartsDataList", eChartsMapVoList);
    return new AjaxResult("true", body);
}
```

部分方法的流程图如下:

public @ResponseBody AjaxResult getPriceData(String wid, String d1, String d2)方法的流程如图 4-19 所示。

图 4-19 getPriceData 方法的流程

public AjaxResult getProductVIP(HttpServletRequest request, String webId, String beginDate, String endDate)方法的流程如图 4-20 所示。

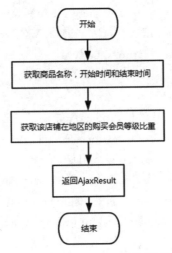

图 4-20　getProductVIP 方法的流程

public AjaxResult getProductAppraise（HttpServletRequest request，String webId，String beginDate，String endDate）方法的流程如图 4-21 所示。

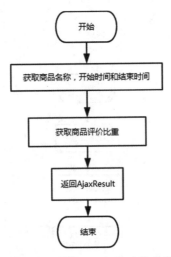

图 4-21　getProductAppraise 方法的流程

3. 业务逻辑层

商品分析模块的业务逻辑层主要完成对商品分析逻辑的判定，同时调用商品分析模块的业务逻辑接口。商品分析模块业务逻辑层列表见表 4-28 所示。

表 4-28　商品分析模块业务逻辑层列表

事件	Service	调用说明	出口
商品分析	GoodCategoryService.java GoodDateInfoService.java	调用 GoodCategotyMapper.java	返回给 Action

GoodCategoryService.java 接口主要方法如下：

```
@Service
public class GoodsCategoryService {
    @Autowired
    private GoodsCategoryMapper goodsCategoryMapper;
    public List<GoodsCategory> selectFirst() {
        return goodsCategoryMapper.selectFirst();
    }
    public List<GoodsCategory> selectSecond(String firstCategoryHash) {
        return goodsCategoryMapper.selectSecond(firstCategoryHash);
    }
    public List<GoodsCategory> selectThird(String secondCategoryHash) {
        return goodsCategoryMapper.selectThird(secondCategoryHash);
    }
    public List<GoodsCategory> findFirstCategory() {
        return goodsCategoryMapper.findFirstCategory();
    }
    public List<GoodsCategory> findSecondCategory() {
        return goodsCategoryMapper.findSecondCategory();
    }
    public List<GoodsCategory> findThirdCategory() {
        return goodsCategoryMapper.findThirdCategory();
    }
}
```

GoodsDateInfoService.java 接口主要方法如下：

```
@Service
public class GoodsDateInfoService {
    @Autowired
    private GoodsDateInfoMapper goodsDateInfoMapper;
    public GoodsDateInfo selectNewRate(String wid) {
        return goodsDateInfoMapper.selectNewRate(wid);
    }
    public List<GoodsDateInfo> selectByWebIdAndTime(String id, int t1, int t2) {
        return goodsDateInfoMapper.selectByWebIdAndTime(id, t1, t2);
    }
    public GoodsListInfo getSaleNumSaleAmoutByIdAndDate(String webId, String
beginDate, String endDate) {
```

```
    List<GoodsListInfo> list = goodsDateInfoMapper.
    getSaleNumSaleAmoutByIdAndDate(webId，beginDate，endDate);
    return list.size() == 0 ? null : list.get(0);
  }
  public List < EChartsVO > trendOfSaleNumAndSaleAmountAndPrice (String
  webId，String beginDate，String endDate) {
    return goodsDateInfoMapper.trendOfSaleNumAndSaleAmountAndPrice
    (webId，beginDate，endDate);
  }
}
```

GoodsListService.java 接口主要方法如下：

```
@Service
public class GoodsListService {
  @Autowired
  private GoodsListMapper goodsListMapper;
  public int getUserGoodFocusNum(int userId) {
    return goodsListMapper.getUserGoodFocusNum(userId);
  }
  public List < GoodsListInfo > findUserGoodFoucs (int date，int userId，int
  fromPage，int pageNum) {
    return goodsListMapper.findUserGoodFoucs(fromPage，date，userId，
    fromPage，pageNum);
  }
  public int getPageNum() {
    return goodsListMapper.getPageNum();
  }
  public List<GoodsListInfo> getPageWithIsUserFocus(int userId，int date，int
  fromPage，int pageNum) {
    return goodsListMapper.getPageWithIsUserFocus (fromPage，userId，date，
    fromPage，pageNum);
  }
  public int getPageNumByTitle(String title) {
    return goodsListMapper.getPageNumByTitle(title，title);
  }
}
```

部分方法的流程如下所示：

public List < EChartsMapVo > getProductDataSource (String webId，String beginDate，
String endDate)方法的流程如图 4-22 所示。

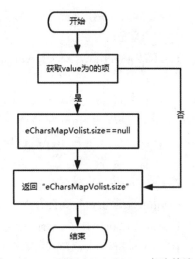

图 4-22 getProductDataSource 方法的流程

4. 数据持久层

商品分析模块的数据持久层能对商品信息进行查询。商品分析模块数据持久层列表见表 4-29 所示。

表 4-29 商品分析模块数据持久层列表

事件	DAO	调用数据模型	说明
商品分析	GoodsCategoryMapper.java GoodsDateInfoMapper.java GoodsListMapper.java	调用 GoodsListInfo.java	对商品信息 进行查询

GoodsCategoryMapper.java 接口定义对商品信息进行查询：

```
public interface GoodsCategoryMapper {
    List<GoodsCategory> selectFourth(String thirdCategoryHash);
    List<GoodsCategory> selectFirst();
    List<GoodsCategory> selectSecond(String firstCategoryHash);
    List<GoodsCategory> selectThird(String secondCategoryHash);
    List<GoodsCategory> findFirstCategory();
    List<GoodsCategory> findSecondCategory();
    List<GoodsCategory> findThirdCategory();
}
```

GoodsDateInfoMapperjava 接口定义对商品信息进行查询：

```
public interface GoodsDateInfoMapper {
    GoodsDateInfo selectNewRate(String wid);
    List<GoodsDateInfo> selectByWebIdAndTime(String id, int t1, int t2);
```

```
    List<GoodsListInfo> getSaleNumSaleAmoutByIdAndDate(String webId,
    String beginDate, String endDate);
    List< EChartsVO > trendOfSaleNumAndSaleAmountAndPrice(String webId,
    String beginDate, String endDate);
    List<ChartDateHash> rankGoodsHot(String d, int i);
    List<SaleNumRank> getProductSaleNumRank(String d, int i);
    List< SystemSaleNumWithDate > getSystemSaleInfoByDay(int startDay, int
    endDay);
    List<Float> getallByFirstCategoryHash(String has);
    List<Float> getallBySecondCategoryHash(String has);
    List<Float> getallByThirdCategoryHash(String has);
    List<EChartsVO> getProductAppraise(String webId, String beginDate, String
    endDate);
}
```

GoodsListMapper.java 接口定义对商品信息进行查询:

```
public interface GoodsListMapper {
    int getUserGoodFocusNum(int userId);
    List<GoodsListInfo> findUserGoodFoucs(int rownumStart, int date, int
    userId, int fromPage, int pageNum);
    int getPageNum();
    List<GoodsListInfo> getPageWithIsUserFocus(int rownumStart, int
    userId, int date, int fromPage, int pageNum);
    int getPageNumByTitle(String aTitle, String bTitle);
    List<GoodsListInfo> findByTitleWithIsUserFocus(int rownumStart, int
    aUserId, int aDate, String aTitle, int bUserId, int bDate, String bTitle,
    int fromPage, int pageNum);
    int getPageNumByFirstCategoryHash(String categoryHash);
}
```

5. 模型层

商品分析模块用到模型层中 GoodsBaseInfo.java。GoodsBaseInfo.java 是一个公用模型,在涉及商品信息查询操作时,就会调用到该模型。商品分析模块模型层列表见表 4-30。

表 4-30　商品分析模块模型层列表

模型	描述
GoodsList.java GoodsCategory.java GoodsDateInfo.java GoodsListKey.java GoodsBaseInfo.java	对商品信息的增、删、改、查操作

GoodsBaseInfo.java 主要方法和属性如下：

```java
public class GoodsBaseInfo {
    private String title;
    private String shopname;
    private String brand;
    private String url;
    // 省略 getter,setter
}
```

GoodsCategory.java 主要方法和属性如下：

```java
public class GoodsCategory {
    private Integer id;
    private String firstcategory;
    private String firstcategoryhash;
    private String secondcategory;
    private String secondcategoryhash;
    private String thirdcategory;
    private String thirdcategoryhash;
    // 省略 getter,setter
}
```

GoodsDateInfo.java 主要方法和属性如下：

```java
public class GoodsDateInfo {
    private Integer id;
    private String webid;
    private String thirdcategoryhash;
    private Integer date;
    private String title;
    private Integer price;
    private String creditinfo;
    private Integer isonsale;
    private Integer salenum;
    private double goodRate;
    private double midRate;
    private double poorRate;
    private String impress;
    // 省略 getter,setter
}
```

GoodsList.java 主要方法和属性如下：

```
public class GoodsList extends GoodsListKey {
    private String title;
    private String thirdcategoryhash;
    private String shopid;
    private String BrandHash;
    private String url;
    // 省略 getter,setter
}
```

GoodsListKey.java 主要方法和属性如下：

```
public class GoodsListKey {
    private Integer id;
    private String webid;
    // 省略 getter,setter
}
```

4.2.7　店铺分析模块

在店铺分析模块时,系统内部的相应响应操作如图 4-23、图 4-24 所示。

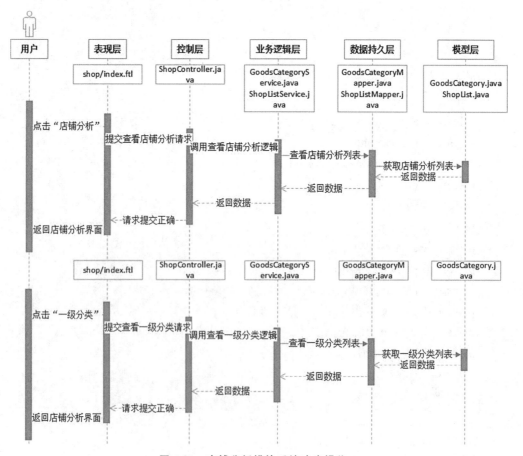

图 4-23　店铺分析模块系统响应操作-1

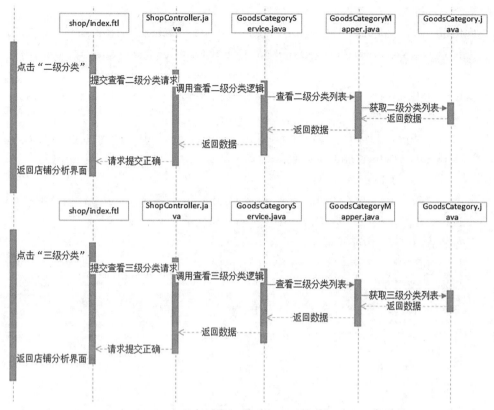

图 4-24 店铺分析模块系统响应操作-2

1. 表现层

店铺分析表现层对应的页面列表见表 4-31。

表 4-31 店铺分析表现层页面列表

界面	Freemarker	功能描述
店铺分析	hotk.ftl Index.ftl	进行分类查询

2. 控制层

店铺分析模块的控制层负责接收来自 index.ftl 的用户输入,同时调用店铺详情的业务逻辑接口。等到业务逻辑处理完成之后,将来自业务逻辑层的相应信息传到表现层,并决定显示页面。店铺分析模块控制层列表见表 4-32。

表 4-32 店铺分析控制层列表

事件	Action	转移说明	出口
店铺分析	ShopController.java	SUCCESS	店铺分析

在控制层中 ShopController.java 的主要属性与方法如下:

```java
@ResponseBody
@RequestMapping(value = "/userShopFocusList", method = RequestMethod.GET)
public AjaxResult userShopFocusList(HttpServletRequest request，int page) {
    User user = (User) request.getSession().getAttribute("user");
    int totalRecords = shopListService.getUserShopFocusNum(user.getId());
    NewPage p = new NewPage(page, 3, totalRecords);
    List < ShopListInfo > list = shopListService. findUserShopFocus (DateUtil.
    getTheDayBeforeDate(new Date()),user.getId(), p.getFromRecord(),
    p.getRecordsPerPage());
    Map<String, Object> body = new HashMap<String, Object>();
    body.put("page", p.getCurrentPageNum());
    body.put("totalRecords", totalRecords);
    body.put("totalPages", p.getTotalPages());
    body.put("list", list);
    return new AjaxResult("true"，body);
}
@ResponseBody
@RequestMapping(value = "/searchByFirstCategoryHash", method =
RequestMethod.GET)
public AjaxResult searchByFirstCategoryHash (HttpServletRequest request，int
page，String categoryHash) {
    User user = (User) request.getSession().getAttribute("user");
    int totalRecords = shopListService.getPageNumByFirstCategoryHash
    (categoryHash);
    NewPage p = new NewPage(page, totalRecords);
    List<ShopListInfo> list = shopListService.findByFirstCategoryHash
    (user.getId(),DateUtil.getTheDayBeforeDate(new Date()), categoryHash,
    p.getFromRecord(), p.getRecordsPerPage());
    Map<String, Object> body = new HashMap<String, Object>();
    body.put("page", p.getCurrentPageNum());
    body.put("totalRecords", totalRecords);
    body.put("totalPages", p.getTotalPages());
    body.put("list", list);
    return new AjaxResult("true"，body);
}
@ResponseBody
@RequestMapping(value = "/findShopById", method = RequestMethod.GET)
public AjaxResult findShopById(HttpServletRequest request，String shopId) {
```

```
    User user = (User) request.getSession().getAttribute("user");
    ShopListInfo shop = shopListService.findShopById(user.getId(), DateUtil.
    getTheDayBeforeDate(new Date()),shopId);
    Map<String, Object> body = new HashMap<String, Object>();
    body.put("shop", shop);
    return new AjaxResult("true", body);
}
@ResponseBody
@RequestMapping(value = "/rankingOfHotBrand", method =
RequestMethod.GET)
public AjaxResult rankingOfHotBrand(HttpServletRequest request, String
shopId, String beginDate, String endDate) {
    List<EChartsVO> list = shopDateInfoService.rankingOfHotBrand(shopId,
    String.valueOf(DateUtil.transformDateStrToServer(beginDate)),
    String.valueOf(DateUtil.transformDateStrToServer(endDate)));
    Map<String, Object> body = new HashMap<String, Object>();
    body.put("eChartsDataList", list);
    return new AjaxResult("true", body);
}
```

部分方法的流程图如下：

public AjaxResult userShopFocusList(HttpServletRequest request,int page)方法的流程如图 4-25 所示。

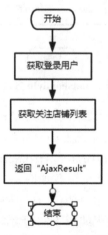

图 4-25　userShopFocusList 方法的流程

public AjaxResult searchByFirstCategoryHash(HttpServletRequest request,int page,
String categoryHash)方法的流程如图 4-26 所示。

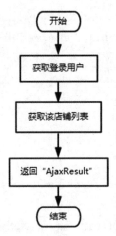

图 4-26　searchByFirstCategoryHash 方法的流程

public AjaxResult findShopById(HttpServletRequest request, String shopId)方法的流程如图 4-27 所示。

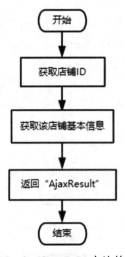

图 4-27　findShopById 方法的流程

public AjaxResult getSaleNumSaleAmoutByIdAndDate(HttpServletRequest request, String shopId, String beginDate, String endDate)方法的流程如图 4-28 所示。

public AjaxResult rankingOfHotBrand(HttpServletRequest request, String shopId, String beginDate, String endDate)方法的流程如图 4-29 所示。

public AjaxResult getShopRegion(HttpServletReques trequest, String shopId, String beginDate, String endDate)方法的流程如图 4-30 所示。

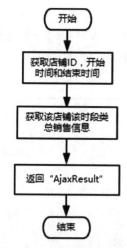

图 4-28 getSaleNumSaleAmoutByIdAndDate 方法的流程

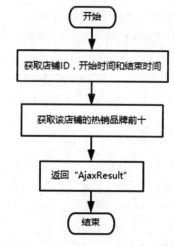

图 4-29 rankingOfHotBrand 方法的流程

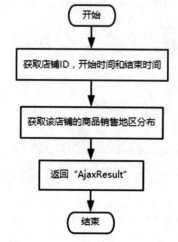

图 4-30 getShopRegion 方法的流程

3. 业务逻辑层

店铺分析模块的业务逻辑层主要完成对店铺分析逻辑的判定,同时调用店铺分析模块的业务逻辑接口。店铺分析业务逻辑层列表见表 4-33。

表 4-33　店铺分析业务逻辑层列表

事件	Service	调用说明	出口
店铺分析	ShopDateInfoService.java ShopListService.java	调用 ShopListMapper.java ShopDateInfoMapper.java	返回给 Action

ShopDateInfoService.java 接口主要方法如下：

```
@Service
public class ShopDateInfoService {
  @Autowired
  private ShopDateInfoMapper shopDateInfoMapper;
  public ShopListInfo getSaleNumSaleAmoutByIdAndDate(String shopId, String
  beginDate, String endDate) {
    List<ShopListInfo> list = shopDateInfoMapper.
    getSaleNumSaleAmoutByIdAndDate(shopId, beginDate, endDate);
    return list.size() == 0 ? null : list.get(0);
  }
  public List<EChartsVO> trendOfSaleNumAndSaleAmount(String shopId,
  String beginDate, String endDate) {
    return shopDateInfoMapper.trendOfSaleNumAndSaleAmount(shopId,
    beginDate, endDate);
  }
  public List<EChartsVO> rankingOfHotBrand(String shopId, String
  beginDate, String endDate) {
    return shopDateInfoMapper.rankingOfHotBrand(shopId, beginDate,
    endDate);
  }
  public List<EChartsVO> rankingOfHotProduct(String shopId, String
  beginDate, String endDate) {
    return shopDateInfoMapper.rankingOfHotProduct(shopId, beginDate,
    endDate);
  }
}
```

ShopListService.java 主要实现属性与方法如下：

```
@Service
public class ShopListService {
  @Autowired
  private ShopListMapper shopListMapper;
  public int getUserShopFocusNum(int userId) {
    return shopListMapper.getUserShopFocusNum(userId);
  }
  public List < ShopListInfo > findUserShopFocus (int date, int userId, int
  fromPage, int pageNum) {
    return shopListMapper.findUserShopFocus(fromPage, date, userId,
    fromPage, pageNum);
  }
  public int getPageNum() {
    return shopListMapper.getPageNum();
  }
  public List<ShopListInfo> getPageWithIsUserFocus(int userId, int date, int
  fromPage, int pageNum) {
    return shopListMapper.getPageWithIsUserFocus(fromPage, userId, date,
    fromPage, pageNum);
  }
}
```

部分方法的流程图如下：

public Map<String,List<EChartsMapVo>> getShopRegion(String shopId,String beginDate,String endDate)方法的流程如图 4-31 所示。

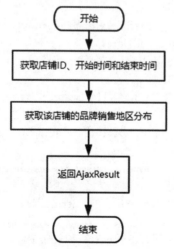

图 4-31 getShopRegion 方法的流程

public ShopDateInfo getShopRate(String id,String d)方法的流程如图 4-32 所示。

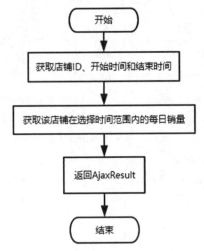

图 4-32　getShopRate 方法的流程

4. 数据持久层

店铺分析模块的数据持久层能对店铺信息进行查询。店铺分析模块数据持久层列表见表 4-34。

表 4-34　店铺分析模块数据持久层列表

事件	DAO	调用数据模型	说明
店铺分析	ShopListMapper.java ShopDateInfoMapper.java	调用 ShopDateInfo.java	对店铺信息 进行查询

ShopDateInfoMapper.java 接口定义对店铺信息进行查询：

```
public interface ShopDateInfoMapper {
    List < ShopListInfo > getSaleNumSaleAmoutByIdAndDate ( String  shopId,
    String beginDate, String endDate);
    List<EChartsVO> trendOfSaleNumAndSaleAmount(String shopId, String
    beginDate, String endDate);
    List < EChartsVO > rankingOfHotBrand ( String shopId, String beginDate,
    String endDate);
    List < EChartsVO > rankingOfHotProduct (String shopId, String beginDate,
    String endDate);
    List<EChartsVO> getShopAppraise(String shopId, String beginDate, String
    endDate);
    ShopDateInfo getShopRate(String id, String d);
    List<ShopDateInfo> getByDate(String wid, String d1, String d2);
    List<ChartDateHash> rankShopHot(String d, int i);
    List<SaleNumRank> getShopSaleNumRank(String d, int i);
}
```

ShopListMapper.java 接口定义对店铺信息进行查询：

```
public interface ShopListMapper {
    int getUserShopFocusNum(int userId);
    List<ShopListInfo> findUserShopFocus(int rownumStart, int date, int userId,
    int fromPage, int pageNum);
    int getPageNum();
    List<ShopListInfo> getPageWithIsUserFocus(int rownumStart, int userId, int
    date, int fromPage, int pageNum);
    int getPageNumByTitle(String aTitle, String bTitle);
    List<ShopListInfo> findByTitleWithIsUserFocus(int rownumStart, int
    aUserId, int aDate, String aTitle, int bUserId,int bDate, String bTitle,
    int fromPage, int pageNum);
    int getPageNumByFirstCategoryHash(String categoryHash);
    List<ShopListInfo> findByFirstCategoryHash(int rownumStart, int userId,
    int date, String categoryHash, int fromPage,int pageNum);
}
```

5. 模型层

店铺分析模块用到模型层中 ShopListInfo.java。ShopListInfo.java 是一个公用模型，在涉及店铺信息查询操作时，就会调用到该模型。店铺分析模块模型层列表如表 4-35 所示。

表 4-35 店铺分析模块模型层列表

模型	描述
ShopListInfo.java	对店铺信息的增、删、改、查操作

ShopListInfo.java 主要实现属性与方法如下：

```
publicclassShopListInfo{
    private in trowNum;
    private int id;
    private String shopid;
    private String shopname;
    private int iSaleNum;
    private double iSaleAmount;
    private boolean isUserFocus;
    private int saleNum;
    private double saleAmount;
    // 省略 getter,setter
}
```

4.3 公共部分模块详细设计

4.3.1 公共页面

公共页面的基本界面信息和相应的功能描述如表 4-1 所示。

表 4-1 公共页面的界面信息和功能描述表

界面	Freemarker	功能描述
主页面显示	Main.ftl	进入后在主页面进行显示
登录与注册页面的处理	index.ftl	登录与注册后进行显示

4.3.2 安全设置模块的详细设计

安全设置模块主要包括安全验证、动态验证等内容，如拦截、过滤对象。具体的描述如表 4-2 所示。

表 4-2 安全设置模块描述表

Filter	描述
SessionFilter.java	Session 校验

SessionFilter.java 的主要属性如下：

```
protected void doFilterInternal(HttpServletRequest req, HttpServletResponse res,
FilterChain filterChain) throws ServletException, IOException {
    Map pm = req.getParameterMap();
    Enumeration enums=req.getParameterNames();
    while(enums.hasMoreElements()){
        String paramName=(String)enums.nextElement();
        String[] values=req.getParameterValues(paramName);
        String exp1=
        "|(and|or)\b.+? (>|<|=|in|like)|\/\ * .+? \ * \/|<\s * script\b|\
bEXEC\b| UNION.+? SELECT|UPDATE.+? SET|INSERT\s+INTO.
+? VALUES|(SELECT|DELETE).+? FROM|(CREATE|ALTER|DROP
|TRUNCATE)\s+(TABLE|DATABASE)";
        String exp2=
        "\b(and|or)\b.{1,6}? (=|>|<|\bin\b|\blike\b)|\/\ * .+? \ * \/|<\s *
script\b|\bEXEC\b| UNION.+? SELECT|UPDATE.+? SET|INSERT\s
+INTO.+? VALUES|(SELECT|DELETE).+? FROM|(CREATE|
ALTER|DROP|TRUNCATE)\s+(TABLE|DATABASE)";
```

```
Pattern pattern1 = Pattern.compile(exp1);
Pattern pattern2 = Pattern.compile(exp2);
for(int i=0;i<values.length;i++){
  Matcher matcher1 = pattern1.matcher(values[i].toLowerCase());
  Matcher matcher2 = pattern2.matcher(values[i].toLowerCase());
  while(matcher1.find()){
    String str = matcher1.group();
    if(str.length() ! = 0){
      req.getRequestDispatcher("/login.jhtml").forward(req, res);
      return;
    }
  }
  while(matcher2.find()){
    String str = matcher2.group();
    if(str.length() ! = 0){
      req.getRequestDispatcher("/login.jhtml").forward(req, res);
      return;
    }
  }
}
...
}
```

SessionFilter.java 的流程如图 4-33 所示。

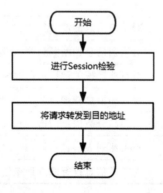

图 4-33 SessionFilter.java 的流程

private void doFilterInternal（HttpServletRequest req，HttpServletResponse res，FilterChain filterChain)方法的流程如图 4-34 所示。

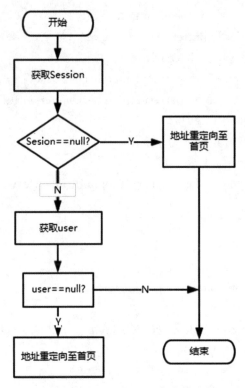

图 4-34 doFilterInternal 方法的流程

4.3.3 数据模型

数据模型包括对各类信息的增、删、改、查操作的具体显示,具体的组件及其相应的具体描述见表 4-3。

表 4-3 数据模型组件描述表

模型组件	描述
UserFocusMapper.java	对用户信息的增、删、改、查操作
ShopListMapper.java	对店铺信息的增、删、改、查操作
KeywordListMapper.java	对行业热搜关键词信息的增、删、改、查操作
GoodsListMapper.java	对商品信息的增、删、改、查操作
CategorySaleInfoMapper.java	对商品分类信息的增、删、改、查操作
BrandListMapper.java	对关注列表信息的增、删、改、查操作
BrandSaleInfoMapper.java	对各类信息排行的查询操作

第五章　系统模块测试用例

5.1　被测对象介绍

超级管理员能够对该系统的管理员账号进行管理,能查看平台的分析数据。

5.2　测试范围与目的

5.2.1　范围

测试范围见表 5-1。

表 5-1　测试范围

模块	子模块	模块编号
系统登录	登录	gn_001
	注册	gn_002
首页	首页	gn_003
平台分析	热销分析	gn_004
	平台分析	gn_005
分类分析	分类分析	gn_006
品牌分析	品牌分析	gn_007
	品牌详情	gn_008
商品分析	商品分析	gn_009
	商品详情	gn_010
店铺分析	店铺分析	gn_011
	店铺详情	gn_012
账号管理	账号管理	gn_013

5.2.2　目的

验证某电子商务产品销售数据分析系统管理端子系统模块功能是否都能实现。

5.3 测试用例

5.3.1 功能测试用例

此功能测试用例对测试对象的功能测试应侧重于所有可直接追踪到用例或业务功能和业务规则的测试需求。这种测试的目的是核实数据的接收、处理和检索是否正确,以及业务规则的实施是否恰当。主要测试技术方法为用户通过 GUI(图形用户界面)与应用程序交互,对交互的输出或接收进行分析,以此来核实需求功能与实现功能是否一致。

1. 登录

登录测试具体见表 5-2。

表 5-2 登录测试

用例标识	Jingdong_gn_001		项目名称		Jingdong	
模块名称	系统登录		测试人员		庄少波	
测试类型	功能性测试		测试日期		2017/8/1	
测试方法	黑盒					
用例目的	规范系统登录模块性能测试					
用例描述	登录					
前置条件	访问系统页面					
用例编号	测试项	输入动作说明	期望的输出响应	测试结果	缺陷编号	备注
0001	界面 UI	页面有无错字,跟整体风格是否一致	页面没有错别字,跟整体风格一致,布局合理	符合期望		
0002	登录框	缩放窗口观察登录框位置	正确显示登录框所在页面位置	符合期望		
		输入不存在的账号密码,点击"登录",能否进入系统	不能进入系统	符合期望		
		输入正确的账号密码,能否进入系统	能进入系统	符合期望		
		不输入账号和密码,点击"登录",能否进入系统	不能进入系统	不符合期望	qx_dl_001	直接进入系统
		输入"中文""中文符号",点击"登录",能否给出错误提示	能给出错误提示	不符合期望	qx_dl_001	页面失去响应

续表

用例编号	测试项	输入动作说明	期望的输出响应	测试结果	缺陷编号	备注
0003	"登录"按钮	登录按钮能否正常点击使用	能正常使用	符合期望		
		登录失败是否有给出提示	登录失败给出失败的提示	符合期望		
		能否连续点击,连续点击是否对此请求提交多次	不能提交多次	符合期望		
		登录成功是否有给出提示	登录成功给出"提交成功"的提示	符合期望		
		登录成功后,页面跳转到何处	页面跳转至系统首页	符合期望		

2. 注册

注册测试具体见表5-3。

表5-3　注册测试

用例标识	Jingdong_gn_002		项目名称		Jingdong	
模块名称	系统登录		测试人员		庄少波	
测试类型	功能性测试		测试日期		2017/8/1	
测试方法	黑盒					
用例目的	规范系统注册模块性能测试					
用例描述	注册					
前置条件	访问系统页面					
用例编号	测试项	输入动作说明	期望的输出响应	测试结果	缺陷编号	备注
0001	界面UI	页面有无错别字,跟整体风格是否一致	页面没有错别字,跟整体风格一致,布局合理	符合期望		
0002	注册框	缩放窗口观察登录框位置	正确显示注册框所在页面位置	符合期望		
0003	注册	输入正确的格式信息,能否完成注册	能完成注册	符合期望		
		输入中文格式的汉子或者符号,是否会提示格式错误	提示输入格式错误	不符合期望	qx_zc_001	页面失去响应

续表

用例编号	测试项	输入动作说明	期望的输出响应	测试结果	缺陷编号	备注
0003	注册	输入错误的格式信息,能否完成注册	不能完成注册,提示格式错误	不符合期望	qx_zc_002	仍能完成注册
		输入已存在的用户,能否重新注册	不能完成注册	符合期望		
		不输入任何信息,点击"注册",能否注册	不能完成注册,提示信息不能为空	不符合期望	qx_zc_003	提示用户已存在
0004	"注册"按钮	"注册"按钮能否正常点击使用	按钮能正常使用	符合期望		
		能否连续点击,连续点击是否将此请求提交多次	不能完成注册	符合期望		
		注册成功是否有给出提示	提交成功给出"提交成功"的提示	符合期望		
		注册成功后,页面跳转到何处	跳转至登录页面	符合期望		
0005	标题栏	"风格"按钮能否正常点击使用	能正常使用,切换标题栏颜色	不符合期望	qx_zc_004	无法切换标题栏颜色
		点击"标题",页面跳转至何处	跳转至登录页面	不符合期望	qx_zc_005	404错误

3. 首页

首页测试具体见表5-4。

表5-4 首页测试

用例标识	Jingdong_gn_003	项目名称	Jingdong
模块名称	首页	测试人员	庄少波
测试类型	功能性测试	测试日期	2017/8/1
测试方法	黑盒		
用例目的	规范首页模块性能测试		
用例描述	首页		
前置条件	登录系统		

续表

用例编号	测试项	输入动作说明	期望的输出响应	测试结果	缺陷编号	备注
0001	"标题栏"→"风格"按钮	点击按钮能否正常使用	能正常使用	符合期望		
		选择颜色能否切换标题栏颜色	可以切换标题栏颜色	符合期望		
		点击标题,页面跳转至何处	刷新当前页面	不符合期望	qx_sy_001	404 错误
0002	界面 UI	页面有无错别字,跟整体风格是否一致	页面没有错别字,跟整体风格一致,布局合理	符合期望		
0003	左侧导航栏	点击导航栏标题能否展开下一级标题	能展开下一级标题	符合期望		
		再次点击导航栏标题,能否收起展开项	能收起展开项	符合期望		
		点击二级标题能否弹出对应窗口	能弹出对应窗口	符合期望		
		多次点击同一个二级标题,是否弹出相同窗口	同一个二级标题只能存在一个窗口	符合期望		
		点击收起导航栏,能否收起导航栏	收起导航栏,右侧页面内容左移	符合期望		
		点击展开导航栏,能否展开导航栏	展开导航栏,右侧页面内容右移	符合期望		
0004	窗口栏	点击相应窗口能否正确切换	能正确切换窗口	符合期望		
		双击相应窗口能否关闭该窗口	能关闭该窗口	符合期望		
		点击窗口的"×"能否关闭该窗口	能关闭该窗口	符合期望		

4. 热销分析

热销分析测试具体见表 5-5。

表 5-5　热销分析测试

用例标识	Jingdong_gn_004		项目名称	Jingdong		
模块名称	平台分析		测试人员	庄少波		
测试类型	功能性测试		测试日期	2017/8/1		
测试方法	黑盒					
用例目的	规范热销分析模块性能测试					
用例描述	热销分析					
前置条件	进入热销分析页面					
用例编号	测试项	输入动作说明	期望的输出响应	测试结果	缺陷编号	备注
0001	导航栏	点击左侧导航栏"平台分析"→"热销分析"	详细正确导航页面所在位置	符合期望		
0002	界面 UI	页面有无错别字，跟整体风格是否一致	页面没有错别字，跟整体风格一致，布局合理	符合期望		
0003	"刷新"按钮	按钮能否点击	按钮能正常点击	符合期望		
		点击"刷新"按钮能否刷新当前页面	能刷新当前页面	符合期望		
0004	热销品牌、商品、店铺排行	点击"品牌名"是否更新所对应数据的销量柱形图、评价率饼图	更新对应数据下的销量柱形图、评价率饼图	符合期望		
0005	热销品牌、商品、店铺销量柱形图	柱形图能否正确表示数据情况	柱形图正确表示数据统计结果	符合期望		
		选中部分是否有变化	选中部分有突出放大效果	符合期望		
0006	热销品牌、商品、店铺评价比例图	比例图能否正确表示数据情况	比例图正确表示数据统计结果	符合期望		
		选中部分是否有变化	选中部分有颜色加亮效果	符合期望		

5. 平台分析

平台分析测试具体见表 5-6。

表 5-6　平台分析测试

用例标识	Jingdong_gn_005		项目名称	Jingdong			
模块名称	平台分析		测试人员	庄少波			
测试类型	功能性测试		测试日期	2017/8/1			
测试方法	黑盒						
用例目的	规范新平台分析模块性能测试						
用例描述	平台分析						
前置条件	进入平台分析页面						
用例编号	测试项	输入动作说明	期望的输出响应	测试结果	缺陷编号	备注	
0001	导航栏	点击左侧导航栏"平台分析"→"平台分析"	详细正确导航页面所在位置	符合期望			
0002	界面 UI	页面有无错别字，跟整体风格是否一致	页面没有错别字，跟整体风格一致，布局合理	符合期望			
0003	"时间范围"选择栏	点击"日历"按钮，能否显示正确的日期	正确显示日期	符合期望			
		点击"时间范围"→"清空"按钮能否清除日期	清空所选日期文本框	符合期望			
		能否自己输入"时间范围"	能自行输入"时间范围"	符合期望			
		输入错误格式的"时间范围"，能否格式化日期	格式化日期	符合期望			
		点击"时间范围"→"今天"按钮能否正确定位当天日期	正确定位当天日期	符合期望			
		点击"时间范围"→"确定"按钮能否确定选中日期	确定选中日期	符合期望			

续表

用例编号	测试项	输入动作说明	期望的输出响应	测试结果	缺陷编号	备注
0003	"时间范围"选择栏	再次点击"日期"按钮,能否修改已选择日期	可以修改日期	不符合期望	qx_ptfx_001	已选开始或截止日期,由于文本框被选中,只能先选中其他地方,才能回来修改
		是否有日期起止的限制判断	有起止日期判断	不符合期望	qx_ptfx_002	日期范围没有界限,起止日期调换,无法查询数据
		点击"时间范围"→"查询"按钮,能否正确更新对应日期下的总销量柱形图、销售额折线图	正确更新当前日期下的总销量柱形图、销售额走势图	符合期望		
0004	总销量/销售额走势表	点击"总销量""营业额"按钮,按钮能否正常使用	按钮正常使用	符合期望		
		点击"总销量""营业额"按钮,能否隐藏对应数据及图形	隐藏对应数据及图形	符合期望		
		选中图表位置,是否会显示当前位置的数据以及图形变化	正确显示当前数据信息,加亮所选部分图形	符合期望		
		点击"数据视图"按钮,能否显示当前日期下的数据视图	显示当前日期下的数据视图	符合期望		
0005	数据视图	点击"关闭"按钮,按钮能否正常使用,并关闭当前数据视图	按钮正常使用并关闭当前数据视图	符合期望		
0006	"刷新"按钮	点击"刷新"按钮,按钮能否正常使用,会发生怎样的变化	按钮能正常使用并返回总销量/销售额走势表	符合期望		
0007	"保存为图片"按钮	点击"保存为图片"按钮,按钮能否正常使用,会进行怎样的变化	弹出下载框,保存"总销量/销售额走势表"为图片	符合期望		

6. 分类分析

分类分析测试具体见表 5-7。

表 5-7　分类分析测试

用例标识	Jingdong_gn_006		项目名称		Jingdong	
模块名称	分类分析		测试人员		朱子恒	
测试类型	功能性测试		测试日期		2017/8/1	
测试方法	黑盒					
用例目的	规范分类分析模块性能测试					
用例描述	分类分析					
前置条件	进入分类分析页面					
用例编号	测试项	输入动作说明	期望的输出响应	测试结果	缺陷编号	备注
0001	导航栏	点击左侧导航栏"分类分析"→"分类分析"	详细正确导航页面所在位置	符合期望		
0002	界面 UI	界面有无错别字，跟整体风格是否一致	页面没有错别字，跟整体风格一致，布局合理	不符合期望	qx_flfx_001	品牌名、商品名和店铺名太长会有部分显示不出来
0003	"一级分类"下拉列表框	点击后能否看到选择的分类名	点击后能看到选择的分类名	符合期望		
		选择分类名后能否正确显示出来	选择分类名后能正确显示出来	符合期望		
0004	"二级分类"下拉列表框	点击后能否看到选择的分类名	点击后能看到选择的分类名	符合期望		
		选择分类名后能否正确显示出来	选择分类名后能正确显示出来	符合期望		
0005	"三级分类"下拉列表框	点击后能否看到选择的分类名	点击后能看到选择的分类名	符合期望		
		选择分类名后能否正确显示出来	选择分类名后能正确显示出来	符合期望		
0006	"时间范围"日期文本框	点击后能否看到选择的日期	点击后能看到选择的日期	符合期望		
		选择日期后能否正确显示出来	选择日期后能正确显示出来	符合期望		

续表

用例编号	测试项	输入动作说明	期望的输出响应	测试结果	缺陷编号	备注
0007	"查看"按钮	选择完查询范围后,点击按钮能否显示查询范围的分析数据	选择完查询范围后,点击按钮能显示查询范围的分析数据	符合期望		
0008	"刷新"按钮	点击按钮后页面是否刷新	页面刷新	符合期望		
0009	"已选分类销量、销售额每日变化趋势"选择按钮	点击不同的按钮对应的折线图或者柱形图是否会消失或者显示	点击不同的按钮对应的折线图或者柱形图会消失或者显示	符合期望		
0010	"柱形图横坐标"选择按钮	点击不同的按钮柱形图是否会随之改变横坐标以及图形	点击不同的按钮柱形图会随之改变横坐标以及图形	符合期望		
		再次点击销量横坐标是否会改变	再次点击销量横坐标会改变	不符合期望	qx_flfx_002	无反应

7. 品牌分析

品牌分析测试具体见表5-8。

表5-8 品牌分析测试

用例标识	Jingdong_gn_007		项目名称		Jingdong	
模块名称	品牌分析		测试人员		朱子恒	
测试类型	功能性测试		测试日期		2017/8/1	
测试方法	黑盒					
用例目的	规范品牌分析模块性能测试					
用例描述	品牌分析					
前置条件	进入品牌分析页面					
用例编号	测试项	输入动作说明	期望的输出响应	测试结果	缺陷编号	备注
0001	导航栏	点击左侧导航栏"品牌分析"→"品牌分析"	详细正确导航页面所在位置	符合期望		
0002	界面UI	界面有无错别字,跟整体风格是否一致	页面没有错别字,跟整体风格一致,布局合理	符合期望		

续表

用例编号	测试项	输入动作说明	期望的输出响应	测试结果	缺陷编号	备注
0003	"关注列表"表格分页控件	点击"上一页""下一页"	能正确分页、翻页	符合期望		
0004	"品牌列表"表格分页控件	点击"上一页""下一页"	能正确分页、翻页	符合期望		
0005	具体的品牌名称	点击具体的品牌名称看页面是否跳转	能正确跳转到相应品牌的品牌详情界面	符合期望		
0006	"刷新"按钮	点击按钮后页面是否刷新	页面刷新	符合期望		
0007	"关注"按钮	点击关注后是否会提示信息	关注后会提示是否关注成功	符合期望		
		点击相应品牌的"关注"按钮会怎么样	关注成功后,关注列表会增加该品牌的信息,并刷新关注列表,该品牌对应的"关注"按钮变成"取消关注"按钮	不符合期望	qx_ppfx_001	当短时间关注大量品牌之后,页面会卡住并且有时候控件不会随之改变
0008	"取消关注"按钮	取消关注成功是否有提示	取消关注成功有提示	不符合期望	qx_ppfx_002	取消关注无提示
		点击"取消关注"按钮后会怎么样	点击后关注列表删除该品牌信息,取消关注变成加入关注	不符合期望	qx_ppfx_003	当短时间取消大量关注的时候反应很慢,并且有时候取消关注了但是控件还是取消关注

8. 品牌详情

品牌详情测试具体见表5-9。

表 5-9　品牌详情测试

用例标识	Jingdong_gn_008	项目名称	Jingdong
模块名称	品牌分析	测试人员	朱子恒
测试类型	功能性测试	测试日期	2017/8/1
测试方法	黑盒		

续表

用例标识	Jingdong_gn_008		项目名称		Jingdong	
用例目的	规范品牌分析模块性能测试					
用例描述	品牌详情					
前置条件	进入品牌详情页面					
用例编号	测试项	输入动作说明	期望的输出响应	测试结果	缺陷编号	备注
0001	导航栏	点击左侧导航栏"商品"→"商品分析"	详细正确导航页面所在位置	符合期望		
0002	界面 UI	界面有无错别字,跟整体风格是否一致	页面没有错别字,跟整体风格一致,布局合理,界面左上角显示该品牌名	不符合期望	qx_ppxq_001	界面左上角显示 aaa
		鼠标移动到界面的图形上是否显示对应数据	在鼠标右下角显示出相应的信息	符合期望		
0003	"选择时间范围"日期文本框	点击后能否看到选择的日期	点击后能看到选择的日期	符合期望		
		选择日期后能否正确显示出来	选择日期后能正确显示出来	符合期望		
		是否有日期起止的限制判断	有起止日期判断	不符合期望	qx_ppxq_002	日期范围没有界限,起止日期调换,无法查询数据
0004	"查询"按钮	"查询"按钮能否正常点击使用	刷新	符合期望		
		查询成功后,页面跳转到何处	仍旧停留在商品详情页面,但之后的数据分析随着查询范围改变	符合期望		
0005	"品牌每日变化趋势图"控件	多次点击"销量控件"会怎么样	点击"销量",销量控件变灰,关于销量的柱形图消失,再次点击,控件变红,关于销量的柱形图出现	符合期望		
		点击"数据视图"控件会怎么样	点击"数据视图"控件,趋势图变成数据视图	符合期望		
		点击"还原"控件会怎么样	刷新趋势图	符合期望		
		点击"保存为图片"控件会怎么样	只保存该趋势图在粘贴板中	不符合期望	qx_ppxq_003	点击后保存的是整个屏幕的截图

续表

用例编号	测试项	输入动作说明	期望的输出响应	测试结果	缺陷编号	备注
0006	品牌销售地区分布图选择控件	点击"销量"控件会怎么样	点击"销量"控件后销售额控件会变灰,并且商品销售地区分布会只显示与销量有关的信息	符合期望		
		多次点击同一个控件会怎么样	控件如果显示再次点击应该变灰,另一个控件变回颜色	不符合期望	qx_ppxq_004	无反应
0007	店铺印象标签	移动到店铺印象下的各个标签	移动到标签上时标签变色	符合期望		
0008	"加入关注"按钮	点击"关注"后是否会提示信息	关注后会提示是否关注成功	符合期望		
		点击相应商品的"关注"按钮会怎么样	关注成功后,关注列表会增加该商品的信息,并刷新关注列表,该商品对应的"关注"按钮变成"取消关注"按钮	不符合期望	qx_ppxq_005	当短时间关注大量商品之后,页面会卡住并且有时候控件不会随之改变
0009	店铺列表内具体店铺名称	点击后会不会跳转到相应的店铺详情界面	点击后会跳转到相应的店铺详情界面	符合期望		
0010	店铺列表内的加入"关注"按钮	点击"关注"后是否会提示信息	关注后会提示是否关注成功	符合期望		
		点击相应商品的"关注"按钮会怎么样	关注成功后,关注列表会增加该商品的信息,并刷新关注列表,该商品对应的"关注"按钮变成"取消关注"按钮	不符合期望	qx_ppxq_006	当短时间点击多个关注之后整个界面会卡住
0011	店铺列表分页控件	点击"上一页""下一页"	能正确分页、翻页	符合期望		
0012	商品列表分页控件	点击"上一页""下一页"	能正确分页、翻页	符合期望		
0013	商品列表具体商品名称	是否会跳转到相应的商品详情界面	会跳转到相应的商品详情界面	符合期望		

续表

用例编号	测试项	输入动作说明	期望的输出响应	测试结果	缺陷编号	备注
0014	商品列表商品对应的某电子商务页面	是否会跳转到相应商品的某电子商务链接	会跳转到相应商品的某电子商务链接	符合期望		
0015	商品列表商品对应的店铺名称	是否会跳转到相应店铺的店铺详情页面	会跳转到相应店铺的店铺详情页面	符合期望		
0016	商品列表内的加入关注按钮	点击"关注"后是否会提示信息	关注后会提示是否关注成功	符合期望		
		点击相应商品的"关注"按钮会怎么样	关注成功后,关注列表会增加该商品的信息,并刷新关注列表,该商品对应的"关注"按钮变成"取消关注"按钮	不符合期望	qx_ppxq_007	当短时间点击多个关注之后整个界面会卡住
0017	品牌商品价格图中任意价格段	销量排名的商品会随着点击的商品价格段而改变吗	销量排名的商品会随着点击的商品价格段而改变	符合期望		
		商品销量占比扇形图是否会随着点击的价格区间改变	商品销量占比扇形图会随着点击的价格区间改变	符合期望		

9. 商品分析

商品分析测试具体见表 5-10。

表 5-10　商品分析测试

用例标识	Jingdong_gn_009	项目名称		Jingdong		
模块名称	商品分析	测试人员		朱子恒		
测试类型	功能性测试	测试日期		2017/8/1		
测试方法	黑盒					
用例目的	规范商品分析模块性能测试					
用例描述	商品分析					
前置条件	进入商品分析页面					
用例编号	测试项	输入动作说明	期望的输出响应	测试结果	缺陷编号	备注
0001	导航栏	点击左侧导航栏"商品"→"商品分析"	详细正确导航页面所在位置	符合期望		

续表

用例编号	测试项	输入动作说明	期望的输出响应	测试结果	缺陷编号	备注
0002	界面 UI	界面有无错别字，跟整体风格是否一致	页面没有错别字，跟整体风格一致，布局合理	符合期望		
0003	"关注列表"表格分页控件	点击"上一页""下一页"	能正确分页、翻页	符合期望		
0004	"一级分类"下拉列表框	点击后能否看到选择的分类名	点击后能看到选择的分类名	符合期望		
		选择分类名后能否正确显示出来	选择分类名后能正确显示出来	符合期望		
0005	"二级分类"下拉列表框	点击后能否看到选择的分类名	点击后能看到选择的分类名	符合期望		
		选择分类名后能否正确显示出来	选择分类名后能正确显示出来	符合期望		
0006	"三级分类"下拉列表框	点击后能否看到选择的分类名	点击后能看到选择的分类名	符合期望		
		选择分类名后能否正确显示出来	选择分类名后能正确显示出来	符合期望		
0007	"品牌商品"文本框	输入数据正确显示	能正确显示	符合期望		
0008	"搜索"按钮	"搜索"按钮能否正常点击使用	刷新			
		搜索之后是否给出提示	搜索之后给出提交是否成功的提示			
		搜索成功后，页面跳转到何处	仍旧停留在商品分类页面，但商品列表会显示搜索结果			
0009	"商品列表"分页控件	点击"上一页""下一页""首页""末页"	能正确分页、翻页	符合期望		
0010	"商品名称"下的具体商品	点击"商品名称"下的具体商品名称会跳转到何处	跳转到相应的商品详情界面	符合期望		

续表

用例编号	测试项	输入动作说明	期望的输出响应	测试结果	缺陷编号	备注
0011	"加入关注"按钮	点击关注后是否会提示信息	关注后会提示是否关注成功	符合期望		
		点击相应商品的"关注"按钮会怎么样	关注成功后,关注列表会增加该商品的信息,并刷新关注列表,该商品对应的"关注"按钮变成"取消关注"按钮	不符合期望	qx_ssfx_001	当短时间关注大量商品之后,页面会卡住并且有时候控件不会随之改变
0012	"某电子商务链接"按钮	点击"某电子商务链接"后会怎么样	点击后自动跳转到该商品在某电子商务的链接	符合期望		
0013	"取消关注"按钮	取消关注成功是否有提示	取消关注成功有提示	符合期望		
		点击"取消关注"按钮后会怎么样	点击后关注列表删除该品牌信息,取消关注变成加入关注	不符合期望	qx_ppfx_002	当短时间取消多个关注的时候反应很慢,并且有时候取消关注了但是控件还是取消关注

10. 商品详情

商品详情测试具体见表 5-11。

表 5-11 商品详情测试

用例标识	Jingdong_gn_010	项目名称	Jingdong			
模块名称	商品分析	测试人员	朱子恒			
测试类型	功能性测试	测试日期	2017/8/1			
测试方法	黑盒					
用例目的	规范商品详情模块性能测试					
用例描述	商品详情					
前置条件	进入商品详情页面					
用例编号	测试项	输入动作说明	期望的输出响应	测试结果	缺陷编号	备注
0001	导航栏	点击左侧导航栏"商品"→"商品分析"	详细正确导航页面所在位置	符合期望		

续表

用例编号	测试项	输入动作说明	期望的输出响应	测试结果	缺陷编号	备注
0002	界面 UI	界面有无错别字，跟整体风格是否一致	页面没有错别字，跟整体风格一致，布局合理	符合期望		
		鼠标移动到界面的图形上是否显示对应数据	在鼠标右下角显示出相应的信息	符合期望		
0003	"选择时间范围"日期文本框	点击后能否看到选择的日期	点击后能看到选择的日期	符合期望		
		是否有日期起止的限制判断	有起止日期判断	不符合期望	qx_spxq_001	日期范围没有界限，起止日期调换，无法查询数据
		选择日期后能否正确显示出来	选择日期后能正确显示出来	符合期望		
0004	"查询"按钮	"查询"按钮能否正常点击使用	刷新	符合期望		
		查询之后是否给出提示	查询之后给出提交是否成功的提示	符合期望		
		查询成功后，页面跳转到何处	仍旧停留在商品详情页面，但之后的数据分析随着查询范围改变	符合期望		
0005	每日变换趋势图纵坐标选择控件	多次点击"销量"控件会怎么样	点击"销量"，销量控件变灰，关于销量的柱形图消失，再次点击，控件变红，关于销量的柱形图出现	符合期望		
0006	商品销售地区分布图选择控件	点击"销量"控件会怎么样	点击"销量"控件后，销售额控件会变灰，并且商品销售地区分布会只显示与销量有关的信息	符合期望		
		多次点击同一个控件会怎么样	控件如果显示再次点击应该变灰，另一个控件变回颜色	不符合期望	qx_spxq_002	再次点击无反应

续表

用例编号	测试项	输入动作说明	期望的输出响应	测试结果	缺陷编号	备注
0007	店铺印象标签	移动到店铺印象下的各个标签	移动到标签上时标签变色	符合期望		
0008	"加入关注"按钮	点击"关注"后是否会提示信息	关注后会提示是否关注成功	符合期望		
		点击相应商品的"关注"按钮会怎么样	关注成功后,关注列表会增加该商品的信息,并刷新关注列表,该商品对应的"关注"按钮变成"取消关注"按钮	符合期望	qx_spxq_003	当短时间关注大量商品之后,页面会卡住并且有时候控件不会随之改变
0009	"某电子商务链接"按钮	点击"某电子商务链接"后会怎么样	点击后自动跳转到该商品在某电子商务的链接	符合期望		

11. 店铺分析

店铺分析测试具体见表 5-12。

表 5-12　店铺分析测试

用例标识	Jingdong_gn_011		项目名称		Jingdong	
模块名称	店铺分析		测试人员		朱子恒	
测试类型	功能性测试		测试日期		2017/8/1	
测试方法	黑盒					
用例目的	规范店铺模块性能测试					
用例描述	店铺分析					
前置条件	进入店铺分析页面					

用例编号	测试项	输入动作说明	期望的输出响应	测试结果	缺陷编号	备注
0001	导航栏	点击左侧导航栏"店铺分析"→"店铺分析"	详细正确导航页面所在位置	符合期望		
0002	界面 UI	界面有无错别字,跟整体风格是否一致	页面没有错别字,跟整体风格一致,布局合理	符合期望		
0003	"关注列表"表格分页控件	点击"上一页""下一页"	能正确分页、翻页	符合期望		

续表

用例编号	测试项	输入动作说明	期望的输出响应	测试结果	缺陷编号	备注
0004	"一级分类"下拉列表框	点击后能否看到选择的分类名	点击后能看到选择的分类名	符合期望		
		选择分类名后能否正确显示出来	选择分类名后能正确显示出来	符合期望		
0005	"二级分类"下拉列表框	点击后能否看到选择的分类名	点击后能看到选择的分类名	符合期望		
		选择分类名后能否正确显示出来	选择分类名后能正确显示出来	符合期望		
0006	"三级分类"下拉列表框	点击后能否看到选择的分类名	点击后能看到选择的分类名	符合期望		
		选择分类名后能否正确显示出来	选择分类名后能正确显示出来	符合期望		
0007	"品牌商品"文本框	输入数据正确显示	能正确显示	符合期望		
0008	"搜索"按钮	"搜索"按钮能否正常点击使用	刷新	符合期望		
		搜索之后是否给出提示	搜索之后给出提交是否成功的提示	符合期望		
		搜索成功后,页面跳转到何处	仍旧停留在店铺分类页面,但店铺列表会显示搜索结果	符合期望		
0009	"店铺列表"分页控件	点击"上一页""下一页""首页""末页"	能正确分页、翻页	符合期望		
0010	"店铺名称"下的具体店铺	点击"店铺名称"下的具体店铺名称会跳转到何处	跳转到相应的店铺详情界面	符合期望		
0011	"加入关注"按钮	点击"关注"后是否会提示信息	关注后会提示是否关注成功	符合期望		
		点击相应店铺的"关注"按钮会怎么样	关注成功后,关注列表会增加该店铺的信息,并刷新关注列表,该店铺对应的"关注"按钮变成"取消关注"按钮	不符合期望	qx_dpfx_001	当短时间关注大量店铺之后,页面会卡住并且有时候控件不会随之改变

续表

用例编号	测试项	输入动作说明	期望的输出响应	测试结果	缺陷编号	备注
		取消关注成功是否有提示	取消关注成功有提示	符合期望		
0012	"取消关注"按钮	点击"取消关注"按钮后会怎么样	点击后关注列表删除该品牌信息，取消关注变成加入关注	不符合期望	qx_dpfx_002	当短时间取消多个关注的时候反应很慢，并且有时候取消关注了但是控件还是取消关注

12. 店铺详情

店铺详情测试具体见表5-13。

表 5-13 店铺详情测试

用例标识	Jingdong_gn_012	项目名称	Jingdong
模块名称	店铺分析	测试人员	朱子恒
测试类型	功能性测试	测试日期	2017/8/1

测试方法	黑盒
用例目的	规范店铺详情模块性能测试
用例描述	店铺详情
前置条件	进入店铺详情页面

用例编号	测试项	输入动作说明	期望的输出响应	测试结果	缺陷编号	备注
0001	导航栏	点击左侧导航栏"商品"→"商品分析"	详细正确导航页面所在位置	符合期望		
0002	界面UI	界面有无错别字，跟整体风格是否一致	页面没有错别字，跟整体风格一致，布局合理	符合期望		
		鼠标移动到界面的图形上是否显示对应数据	在鼠标右下角显示出相应的信息	符合期望		
0003	"加入关注"按钮	点击"关注"后是否有提示信息	关注后会提示是否关注成功	符合期望		
		点击相应店铺的"关注"按钮会怎么样	关注成功后，关注列表会增加该店铺的信息，并刷新关注列表，该店铺对应的"关注"按钮变成"取消关注"按钮	不符合期望	qx_dpxq_001	当短时间关注大量店铺之后页面会卡住，并且有时候控件不会随之改变

续表

用例编号	测试项	输入动作说明	期望的输出响应	测试结果	缺陷编号	备注
0004	"选择时间范围"日期文本框	点击后能否看到选择的日期	点击后能看到选择的日期	符合期望		
		是否有日期起止的限制判断	有起止日期判断	不符合期望	qx_dqxq_002	日期范围没有界限,起止日期调换,无法查询数据
		选择日期后能否正确显示出来	选择日期后能正确显示出来	符合期望		
0005	"查询"按钮	"查询"按钮能否正常点击使用	刷新	符合期望		
		查询之后是否有给出提示	查询之后给出提交是否成功的提示	符合期望		
		查询成功后,页面跳转到何处	仍旧停留在店铺详情页面,但之后的数据分析随着查询范围改变	符合期望		
0006	每日变回趋势图纵坐标选择控件	多次点击"销量"控件怎么样	点击"销量",销量控件变灰,关于销量的柱形图消失,再次点击,控件变红,关于销量的柱形图出现	符合期望		
0007	店铺热销品牌排名柱形图控件	点击"销量",销售额会怎么样	点击"销量"控件后控件会变灰,并且热销品牌排名只显示与销量有关的信息	符合期望		
		多次点击同一个控件会怎么样	控件如果显示再次点击应该变灰,另一个控件变回颜色	不符合期望	qx_dpxq_003	再次点击无反应
0008	店铺热销商品排名柱形图控件	点击"销量",销售额会怎么样	点击"销量"控件后销售额控件会变灰,并且热销商品排名只显示与销量有关的信息	符合期望		
		多次点击同一个控件会怎么样	控件如果显示再次点击应该变灰,另一个控件变回颜色	不符合期望	qx_dpxq_004	再次点击无反应

续表

用例编号	测试项	输入动作说明	期望的输出响应	测试结果	缺陷编号	备注
0009	店铺商品销售地区分布图选择控件	点击"销量"控件会怎么样	点击"销量"控件后销售额会变灰，并且商品销售地区分布图会只显示与销量有关的信息	符合期望		
		多次点击同一个"销量"控件会怎么样	控件如果显示再次点击应该变灰，另一个控件变回颜色	不符合期望	qx_dpxq_005	再次点击无反应
		点击切换品牌销售地区分布会怎么样	品牌销售地区变成商品销售地区，商品销售地区分布图变成品牌销售地区分布图	不符合期望	qx_dpxq_006	点击后如果本来是查看销售额情况会自动跳转为查看销量情况
0010	店铺印象标签	移动到店铺印象下的各个标签	移动到标签上时标签变色	符合期望		
0011	店铺价格区间柱形图	点击具体价格段销量排名的商品会随着点击的商品价格段而改变吗	销量排名的商品会随着点击的商品价格段而改变	符合期望		
		商品销量占比扇形图是否会随着点击的价格区间改变	商品销量占比扇形图会随着点击的价格区间改变	符合期望		

5.3.2 用户体验测试用例

此功能测试用例是测试人员在将产品交付客户之前，从用户角度进行的一系列体验使用，如界面是否友好(吸引用户眼球,给其眼前一亮的感觉),操作是否流畅,功能是否达到用户使用要求等。用户体验测试用例见表5-14。

表 5-14　用户体验测试用例

性能描述	某电子商务产品销售数据分析系统
测试目的	判定产品能否让用户快速地接受和使用
前提条件	访问系统

检查项	测试人员的类别及其评价
窗口切换、移动、改变大小时正常吗？	正常
各种界面元素的文字正确吗？（如标题、提示等）	品牌详情页面左上角有"aaa"
各种界面元素的状态正确吗？（如有效、无效、选中等状态）	点击标题找不到路径，注册页面换肤按钮无效，个人信息、切换用户无效
各种界面元素支持键盘操作吗？	支持
各种界面元素支持鼠标操作吗？	支持
对话框中的缺省焦点正确吗？	正确
数据项能正确回显吗？	能
对于常用的功能，用户能否不必阅读手册就能使用？	能
执行有风险的操作时，有"确认""放弃"等提示吗？	有
操作顺序合理吗？	合理
各种界面元素的布局合理吗？美观吗？	合理
各种界面元素的颜色协调吗？	协调
各种界面元素的形状美观吗？	美观
字体美观吗？	美观
图标直观吗？	美观

5.3.3　兼容性测试用例

在大多数生产环境中，客户机工作站、网络连接和数据库服务器的具体硬件规格会有所不同。客户机工作站可能会安装不同的软件，如应用程序、驱动程序等，而且在任何时候，都可能运行许多不同的软件组合，从而占用不同的资源。

测试的方法主要采用黑盒测试的方法，站在用户的角度，根据功能实际的操作流程，测试每个功能及功能按键。

测试环境：WINDOWS10 操作系统。

兼容性测试具体见表 5-15。

表 5-15　兼容性测试用例

测试模块	IE11	Google chrome	FireFox	360 浏览器	Edge
登录	正常	正常	正常	正常	正常
注册	正常	正常	正常	正常	正常
首页	正常	正常	正常	正常	正常

续表

测试模块	IE11	Google chrome	FireFox	360 浏览器	Edge
热销分析	正常	正常	正常	正常	正常
平台分析	无法下载总销量/销售额走势图	正常	点击"下载"按钮没有反应	兼容模式下点击"下载"按钮弹出新的窗口,但是没有响应	点击"下载走势图"跳出一个空白页面
分类分析	正常	正常	正常	正常	正常
品牌分析	点击"关注"或"取消关注"按钮,实现了关注或取消关注,但是显示状态未改变	正常	正常	360 兼容模式下,点击"关注"或"取消关注"按钮,实现了关注或取消关注,但是显示状态未改变	正常
品牌详情	点击"下载走势图"会打开一个只有趋势图图片的页面	正常	正常	点击"下载走势图"会打开一个只有趋势图图片的页面	点击"下载走势图"跳出一个空白页面
商品分析	点击"关注"或"取消关注"按钮,实现了关注或取消关注,但是显示状态未改变	正常	正常	360 兼容模式下,点击"关注"或"取消关注"按钮,实现了关注或取消关注,但是显示状态未改变	正常
商品详情	点击"关注"或"取消关注"按钮,实现了关注或取消关注,但是显示状态未改变	正常	正常	360 兼容模式下,点击"关注"或"取消关注"按钮,实现了关注或取消关注,但是显示状态未改变	正常
店铺分析	点击"关注"或"取消关注"按钮,实现了关注或取消关注,但是显示状态未改变	正常	正常	360 兼容模式下,点击"关注"或"取消关注"按钮,实现了关注或取消关注,但是显示状态未改变	正常
店铺详情	点击"关注"或"取消关注"按钮,实现了关注或取消关注,但是显示状态未改变	正常	正常	360 兼容模式下,点击"关注"或"取消关注"按钮,实现了关注或取消关注,但是显示状态未改变	正常

第六章　项目开发概述

6.1　引言

6.1.1　编写目的

项目计划书是为了开发"电子商务数据分析平台"而规划编写的。项目计划书可以在开发过程中为项目团队起到引领作用,保证项目组可以按时保质地完成各个阶段的任务,这样也便于项目团队成员更好地了解项目情况,使得各个阶段的工作安排合理有序,防止项目的停滞不前或者无法按项目进展顺序而开展。为此,我们需要以文件化的形式把"电子商务数据分析平台"项目生命周期中的主要工作、各个阶段的任务分解、项目团队各个成员的工作责任、项目的开发进度等内容编写出来,作为项目生命周期内项目活动的行动指南及项目团队开展和检查项目工作的标准。

6.1.2　背景

项目名称:电子商务数据分析平台。

项目提出者:"电子商务数据分析平台"小组。

开发者:"电子商务数据分析平台"小组。

用户:涉及电子商务的企业。

开发背景:参见第一章1.1案例背景。

6.1.3　定义

专门术语:

(1)SQL:结构化查询语言,是一种数据库查询和程序设计语言,用于存储、查询、更新和管理关系数据库系统,同时也是数据库脚本文件的扩展名。

(2)Axure RP:是美国 Axure Software Solution 公司旗舰产品,是一个专业的快速原型设计工具,让负责定义需求和规格、设计功能和界面的专家能够快速创建应用软件或 Web 网站的线框图、流程图、原型和规格说明文档。

(3)Microsoft Project:是由微软开发销售的项目管理软件程序。软件设计目的在于协助项目经理实现发展计划,为任务分配资源,跟踪进度,管理预算及分析工作量。

(4)主键:主关键字,是表中的一个或多个字段,用于唯一地标识表中的某一条记录。

(5)外键:如果公共关键字在一个关系中是主关键字,那么这个公共关键字被称为另一个关系的外键。

(6)单元测试:对软件中最小可测单元进行检查和验证。

(7)用例图:由参与者、用例、边界以及它们之间的关系构成的用于描述系统功能的视图。

(8)SSM 框架:集成 SSM 框架的系统从职责上分为四层:表示层、业务逻辑层、数据持久层和域模块层,以帮助开发人员在短期内搭建结构清晰、可复用性好、维护方便的 Web 应用程序。其中使用 SpringMVC 作为系统的整体基础架构,负责 MVC 的分离;在 SpringMVC 框架的模型部分,控制业务跳转;利用 MyBatis 框架对持久层提供支持;Spring 做管理,管理 SpringMVC 和 MyBatis。

(9)MVC:一种软件设计典范,用一种业务逻辑、数据、界面显示分离的方法组织代码,将业务逻辑聚集到一个部件里面,在改进和个性化定制界面及用户交互的同时,不需要重新编写业务逻辑。MVC 被独特发展起来,用于映射传统的输入、处理和输出功能在一个逻辑的图形化用户界面的结构中。

(10)Eclipse:一个开放源代码、基于 java 的可扩展开发平台。

缩写:

(1)SQL:Structured Query Language;

(2)UML:Unified Modeling Language;

(3)UI:User Interface;

(4)SSM:SpringMVC,Spring,MyBatis;

(5)MVC:Model View Controller。

6.1.4 参考资料

本项目遵从以下标准:

GB/T 9385-2008 计算机软件需求规格说明。

GB/T 8567-2006 计算机软件文档编制规范。

参考文献:无。

6.2 项目概述

6.2.1 工作内容

(1)收集"电子商务数据分析平台"项目的需求,主要是收集某电子商务平台上的各类商品、品牌、店铺的销售情况,分析总结"电子商务数据分析平台"项目的实现在技术上、经济上和社会因素上的可行性,并依据这些内容撰写项目开发计划书。

(2)进行项目各个阶段的任务跟踪与监控。

(3)进一步整理并分析某电子商务数据分析平台项目的需求,撰写相应的软件需求说明书,对该项目在功能上、性能、用户界面及运行环境等做出详细的说明,并使用 Axure 进行软件的原型设计。

(4)进行概要设计说明书的撰写,并以此为基础编写详细设计说明书。

(5)基于上述的详细设计文档,运用 SQL 语言进行数据库的建立,使用 Eclipse 进行项目的开发。

(6)集成系统不同模块,运用 V 型模型即单元测试、集成测试、系统测试、确认测试、验证测试进行软件测试。

（7）回顾各个阶段任务，完成实训总结报告。

本项目最终要实现的功能：

（1）用户的登录、注册功能。

（2）对某电子商务平台的销售情况进行分析，包括选择时段内每日销售额和销售量变化趋势图、本周热销商品/品牌/店铺前十排行榜以及上榜商品/品牌/店铺的评价率和销售额。

（3）对某电子商务平台内的各类商品的销售情况进行分析，包括选择时段内每日销售额和销售量变化趋势图、热销品牌/商品前十排行榜和各价格区间销售情况。

（4）对某电子商务平台内的品牌销售情况进行分析，包括每个商品的昨日销售额和销量、选择时段内每日的销量和销售额的变化趋势图、地区销售情况、商品评价、旗下商品和店铺及各价格区间销售情况。

（5）对某电子商务平台内的商品销售情况进行分析，包括每个商品的昨日销售额和销量、选择时段内每日的销量和销售额的变化趋势图、地区销售情况、商品评价。

（6）对某电子商务平台内的店铺销售情况进行分析，包括每个店铺的昨日销售额和销量、选择时段内每日的销量和销售额的变化趋势图、各类商品销售情况、地区销售情况、店铺评价、旗下商品和店铺及各价格区间销售情况。

（7）可以对品牌/商品/店铺进行关注和取消关注。

（8）可以筛选或搜索品牌/商品/店铺。

6.2.2　主要参加人员

项目主要参加人员见表 6-1。

表 6-1　"电子商务数据分析平台"项目主要参加人员

姓名	角色	技术水平
陈佳音	组长	熟练掌握 Word 办公软件，熟悉 MySQL 数据库，熟悉软件开发的整个流程，熟练掌握 SSM 框架的使用
吴小龙	组员	熟练掌握 PPT 办公软件，熟悉 Java 语言，熟悉 Shiro 的使用
朱子恒	组员	熟练掌握系统测试及 Word 办公软件的使用
施润泽	组员	熟悉 Office 等办公软件，熟悉 MySQL 数据库，熟练掌握 SSM 框架的使用
陈晋	组员	熟悉单元测试，熟悉 Office 等办公软件，熟悉 MySQL 数据库
陈星垠	组员	熟悉 Freemarker 和 html，熟练掌握 Office 等办公软件
李鸿鑫	组员	熟练掌握 Axure 原型制作软件的使用，熟悉 Javaweb 编程
庄少波	组员	掌握 Visio 建模软件的使用
许志峰	组员	熟悉 Word 办公软件，对 Axure 原型工具有一定的了解
李鑫源	组员	熟悉 PPT 办公软件，擅长制作 E-R 图
黄欣瑜	组员	熟悉 Word 办公软件，熟悉 html

6.3 实施计划

6.3.1 工作任务的分解与人员分工

工作任务的分解与人员分工见表 6-2。

表 6-2 工作任务的分解与人员分工

姓名	角色	主要工作
陈佳音	组长	主要负责监督任务的进行、各项工作的分发;项目计划书的主要编写,其他文档的辅助编写;数据库的设计;文档的打印;各个文档的审核;后期的确认测试、验证测试以及所有文档和代码的辅助编写
吴小龙	组员	负责需求分析文档的编写;各次会议的会议纪要;前期的单元测试,后期的确认测试;数据库中数据的输入以及所有文档和代码的辅助编写
朱子恒	组员	负责项目概要设计文档的部分编写;主要功能的实现即首页等主要代码的编写;后期的系统测试
庄少波	组员	负责项目概要设计文档的部分编写;主要功能的实现即平台分析、热销分析等主要代码的编写;后期的系统测试
许志峰	组员	负责项目概要设计文档的部分编写;主要功能的实现即商品分析、商品详情等主要代码的编写;后期的系统测试
李鑫源	组员	负责项目概要设计文档的部分编写;主要功能的实现即品牌分析、品牌详情统计等主要代码的编写;后期的系统测试
黄欣瑜	组员	负责项目概要设计文档的部分编写;主要功能的实现即我的桌面等主要代码的编写;后期的系统测试
施润泽	组员	负责项目概要设计文档的部分编写;主要功能的实现即店铺分析、店铺详情等主要代码的编写;后期的系统测试
陈晋	组员	负责需求分析文档的编写;各次会议的会议纪要;前期的单元测试,后期的确认测试;数据库中数据的输入以及所有文档和代码的辅助编写
陈星垠	组员	负责需求分析文档的编写;各次会议的会议纪要;前期的单元测试,后期的确认测试;数据库中数据的输入以及所有文档和代码的辅助编写
李鸿鑫	组员	负责需求分析文档的编写;各次会议的会议纪要;前期的单元测试,后期的确认测试;数据库中数据的输入以及所有文档和代码的辅助编写

6.3.2 进度

项目进度安排如表 6-3 所示。

表 6-3　项目进度安排表

项目进度	开始日期	预计时长	里程碑事件	产出物	提交日期
开发计划	第 1 天	20 天	开发计划审核通过	项目开发计划文档	第 20 天
需求分析	第 10 天	110 天	需求说明书审核通过	需求说明书文档	第 120 天
系统设计	第 20 天	100 天	系统设计文档审核通过	系统设计说明书文档	第 120 天
编码实现	第 30 天	120 天	功能审核通过	可运行系统	第 150 天
系统测试	第 120 天	50 天	集成测试审核通过	测试通过系统	第 170 天
项目交付	第 170 天	10 天	项目交付成功	项目与项目文档	第 180 天

项目任务分解详见表 6-4 和表 6-5。

表 6-4　小组具体工作安排

项目进度	项目过程	具体工作
开发计划	第 1 天　10 天	收集某电子商务平台内品牌、商品和店铺销售的信息,分析各个软件的优缺点,根据资料组织小组讨论,组长进行总结,小组全体成员完成开发设计的初稿
	第 5 天　15 天	对开发设计的初稿进行整合、审阅,对不清楚的部分进行再次组织讨论,小组成员进行对应部分的修改,再次审核定稿
需求分析	第 10 天　30 天	明确"电子商务数据分析平台"的功能,编写功能需求部分文档;组织小组讨论,对部分功能进行需求细化,再根据最后的功能需求对"电子商务数据分析平台"项目进行 UML 用例图的绘制。小组各个成员对"电子商务数据分析平台"各自负责功能模块的需求进行阐述,其他成员进行补缺补漏,总结最后的模块需求,画出所负责模块的用例图,制定编写的总规范,然后编写该模块需求说明文档的初稿
	第 40 天　80 天	根据详细设计文档,利用原型设计工具进行初步的页面设计,主要是主页面、登录页面、平台分析、热销分析、分类分析、品牌分析、品牌详情、商品分析、商品详情、店铺分析、店铺详情和首页页面,进行文档的整合、审阅,对部分不完善的功能需求内容进行重新讨论,一起再次分析需求,然后修改和完善各自负责模块的需求文档,组长整合

续表

项目进度	项目过程	具体工作
概要/详细设计	第20天　10天	制定文档的编制标准规范(包括文档体系、文档格式、图标样式等),然后根据前期的需求文档,各个组员对所负责的模块进行相应的概要设计,包括接口设计、命名规则、设计目标、设计原则等,完成概要设计的初稿
	第30天　20天	整合后进行审阅,对于完善部分缺陷再次整合,完成概要设计的定稿。根据概要设计的文档,分析系统的应用特点、技术特点以及子系统之间的通信,确定子系统的外部接口,编写各自所负责模块的详细设计文档,整合后完成详细设计文档的初稿
	第50天　20天	组长审阅并提出不完善部分,进行改后做再次整合。根据评阅人对初稿的审核意见进行小组讨论,对文档做出修改和完善,并整合
	第70天　20天	根据原型进行相应的代码编写,实现原型到实体的转化,并根据黄金规则(置于用户控制之下,减少用户的记忆负担)进行部分的页面修改
	第90天　10天	依据可操作性、易学习性、健壮性、可扩展性进行页面的再次修改,使得"电子商务数据分析平台"软件实现用户的友好性
编码实现	第30天　20天	按照详细设计文档,首先进行数据库的设计,明确一对一、一对多或者是多对多的关系、主键与外键的组成
	第50天　20天	成员进行各自负责部分的实体类的编写
	第70天　20天	按照详细设计文档,编写各个方法的实现代码
	第90天　20天	依据界面对部分功能的相应嵌套实现,根据实际情况修改界面的部分控件以及数据库的部分字段
	第110天　20天	未完成的功能的代码编写以及初步的代码整合
	第130天　20天	完善含有缺陷的功能,代码的再次整合
系统测试	第120天　10天	各个成员进行相互交换的单元测试
	第130天　20天	系统初步集成,测试并记录问题。根据问题展开讨论,系统的再次集成测试并再次展开讨论,完善软件
	第150天　10天	进行"电子商务数据分析平台"的系统测试,并记录问题,针对问题展开小组讨论
	第160天　10天	进行最后的确认测试以及验收测试
用户手册/项目开发概述	第170天　10天	编写用户使用手册和项目开发进度及人员工作分配

表 6-5　小组主要会议安排

会议序列	具体时间	会议主题
1	第 1 天	小组的基本信息确认,"电子商务数据分析平台"项目的初步了解,项目的开发计划
2	第 10 天	项目的需求分析计划会议讨论
3	第 20 天	项目概要分析计划会议讨论
4	第 40 天	项目的需求分析第二次会议讨论
5	第 50 天	项目详细设计会议讨论
6	第 70 天	中期讨论,解决目前项目存在的问题,明确项目下一步计划
7	第 90 天	项目详细设计第二次会议讨论
8	第 120 天	系统测设的会议计划会议
9	第 170 天	总结项目

项目进度甘特图如图 6-1 所示。

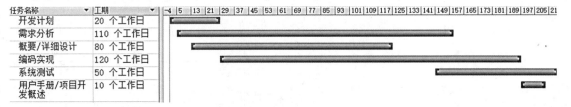

图 6-1　项目进度甘特图

6.3.3　Project 2010 操作说明

Project 2010 提供了多种进度计划管理的方法,如甘特图、日历图、网络图等,利用这些方法,可以方便地在分解的工作任务之间建立相关性,使用关键路径法计算任务和项目的开始、完成时间,自动生成关键路径,从而对项目进行更有效的管理。

跟其他所有软件一样,Project 的菜单栏位于操作界面的上方。其中大部分菜单与Office系列软件没什么两样,例如【文件】、【任务】、【资源】、【项目】、【视图】、【格式】、【帮助】等。相比之前的 2007 与 2003 版本,2010 版本在界面上简化了很多。

启动 Project 后,建立新文件前习惯性要做文件选项的编辑,这样在以后的工作中可减少很多重复的作业。如图 6-2 所示。

因为单个视图难以显示出项目的全部信息,即很难把任务工期、任务之间的链接关系、资源配置情况、项目进度情况等方面的信息全部在一个视图中显示出来,所以 Project 提供了多种视图来显示项目信息。

视图栏共有 9 个视图图标,单击视图栏底部的向下箭头可以看到其他更多的视图。如图 6-3 所示。

图 6-2　设定选项

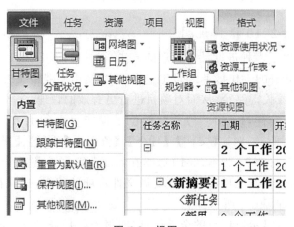

图 6-3　视图

甘特图又叫横道图、条状图(bar chart)。横轴方向表示时间,纵轴方向并列机器设备名称、操作人员和编号等。图表内以线条、数字、文字代号等来表示计划(实际)所需时间、计划(实际)产量、计划(实际)开工或完工时间等。如图 6-4 所示。

"任务分配状况"视图给每项任务列出了分配给该项任务的资源,以及每项资源在各个时间段内(可能是每天、每周、每月,或者是其他更小或更大的时间间隔)完成的工时。如图

6-5 所示。

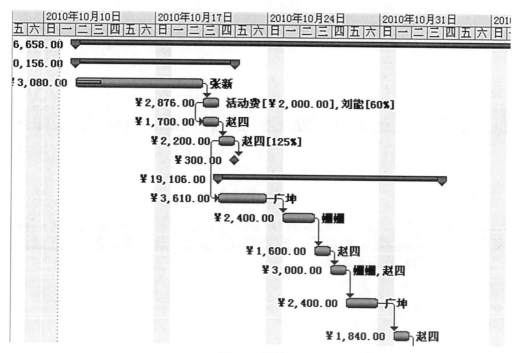

图 6-4 甘特图

	ⓘ	任务模式	任务名称	工时	工期	开始时间	完成时间
1	📅	➡	⊟软件开发	584.4 工时	63.5 个工作	日10月12日	日12月24日
2	📅	➡	⊟项目范围规划	46.8 工时	9 个工作日	日10月12日	日10月21日
3	📅	➡	⊟确定项目范围	24 工时	6 个工作日	年10月12日	年10月19日
	▦		张新	24 工时		年10月12日	年10月19日
4	📅	➡	⊟获得项目所需	4.8 工时	1 个工作日	年10月20日	年10月20日
			刘能	4.8 工时		年10月20日	年10月20日
			活动费			年10月20日	年10月20日
5	📅	➡	⊟定义预备资源	8 工时	1 个工作日	年10月20日	年10月20日
			赵四	8 工时		年10月20日	年10月20日
6	📅 ⅰ	➡	⊟获得核心资源	10 工时	1 个工作日	年10月21日	年10月21日
			赵四	10 工时		年10月21日	年10月21日
7	📅	➡	完成项目范围规划	0 工时	0 个工作日	2010年10月21日	2010年10月21日
8	📅	➡	⊟分析/软件需求	108.8 工时	12 个工作	日10月21日	年11月3日
9	📅		⊟行为需求分析	24 工时	3 个工作日	年10月21日	年10月23日

图 6-5 任务分配状况

"日历"视图使用了以月为时间单位的日历格式,用天或周来计算任务时间,如图 6-6 所示。其中,非工作日呈灰色显示,尽管工期条线会穿越非工作日(周六和周日),但是工期时间并不包含非工作日。

创建新项目时,还需要设置项目开始日期、完成日期、优先级等项目信息,如图 6-7 所示。

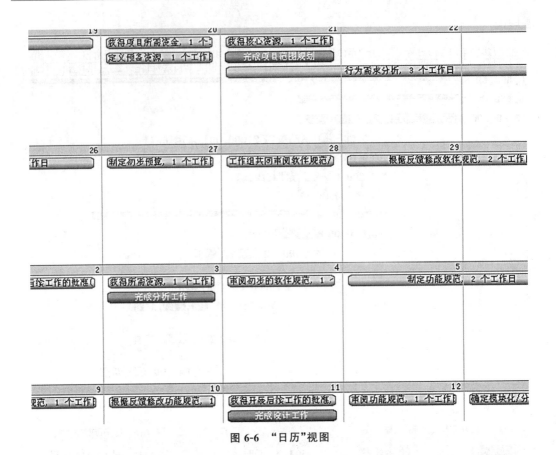

图 6-6 "日历"视图

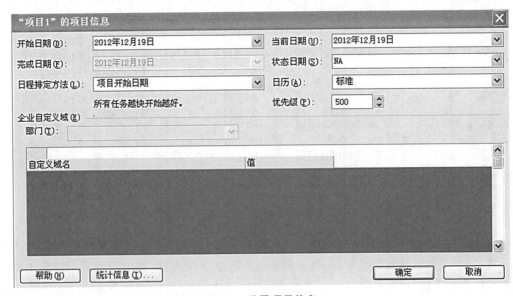

图 6-7 设置项目信息

当资源或任务日历与项目标准日历不一致时,可以在"项目信息"对话框中为项目具体任务设置统一时间,如图 6-8 所示。

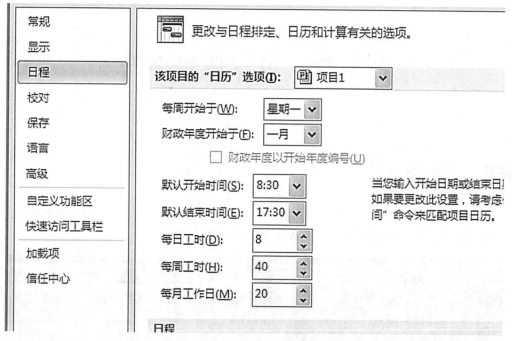

图 6-8　设置统一时间

　　一般用户需要在"甘特图"输入项目任务。任务模式设置为"手动计划",此时可以自行设置工期、开始与完成时间,任务模式设置为"自动计划",系统自动生成各种信息。如图6-9所示。

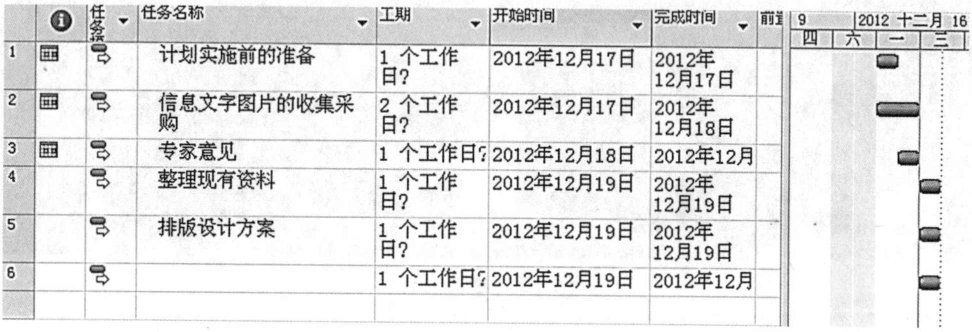

		任务模式	任务名称	工期	开始时间	完成时间	前置	9 四	六	2012 十二月 16 一	三
1			计划实施前的准备	1 个工作日?	2012年12月17日	2012年12月17日					
2			信息文字图片的收集采购	2 个工作日?	2012年12月17日	2012年12月18日					
3			专家意见	1 个工作日?	2012年12月18日	2012年12月					
4			整理现有资料	1 个工作日?	2012年12月19日	2012年12月19日					
5			排版设计方案	1 个工作日?	2012年12月19日	2012年12月19日					
6				1 个工作日?	2012年12月19日	2012年12月					

图 6-9　系统自动生成各种信息

第七章　用户使用手册

7.1　平台简介

本平台提供了首页、平台分析、分类分析、品牌分析、商品分析、店铺分析六个功能。通过图 7-1 所示的登录口登录，下面对各个功能进行详细介绍。

图 7-1　登录窗口

7.2　首页

具体内容有平台基本信息、热搜词云、本周商品排行前十、本周品牌排行前十、本周店铺排行前十等，详细介绍如下。

7.2.1　平台基本信息

用户可以从中看到平台的简介、版本、更新的信息，如图 7-2 所示。

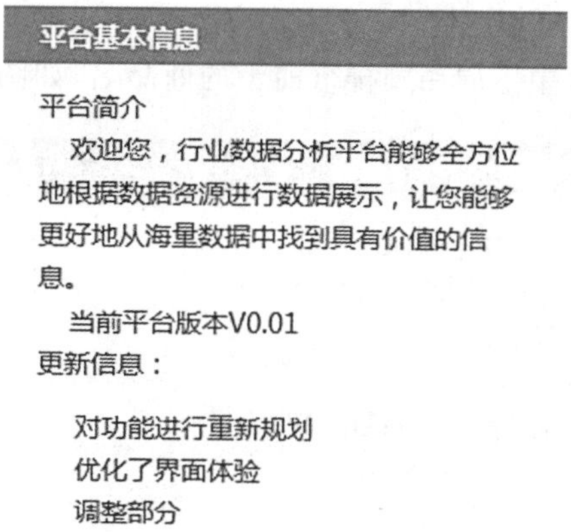
平台基本信息
平台简介
欢迎您，行业数据分析平台能够全方位地根据数据资源进行数据展示，让您能够更好地从海量数据中找到具有价值的信息。
当前平台版本V0.01
更新信息：
对功能进行重新规划
优化了界面体验
调整部分

图 7-2 平台基本信息

7.2.2 热搜词云

用户可以从中看到平台中热搜词云，如图 7-3 所示。

热搜词云
鞋子
电子产品
女装
音响
衣服
七匹狼
食品
儿童玩具

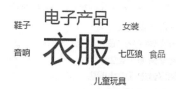

图 7-3 热搜词云

7.2.3 本周商品排行前十

用户可以从中看到平台中本周商品排行前十的商品名，如图 7-4 所示。

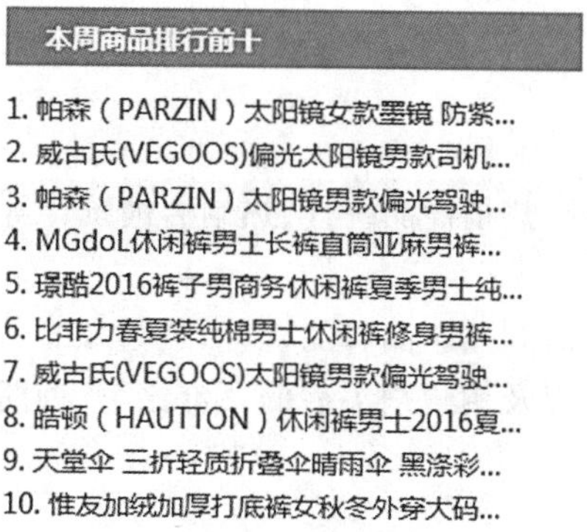
本周商品排行前十
1. 帕森（PARZIN）太阳镜女款墨镜 防紫...
2. 威古氏(VEGOOS)偏光太阳镜男款司机...
3. 帕森（PARZIN）太阳镜男款偏光驾驶...
4. MGdoL休闲裤男士长裤直筒亚麻男裤...
5. 璟酷2016裤子男商务休闲裤夏季男士纯...
6. 比菲力春夏装纯棉男士休闲裤修身男裤...
7. 威古氏(VEGOOS)太阳镜男款偏光驾驶...
8. 皓顿（HAUTTON）休闲裤男士2016夏...
9. 天堂伞 三折轻质折叠伞晴雨伞 黑涂彩...
10. 惟友加绒加厚打底裤女秋冬外穿大码...

图 7-4 本周商品排行前十

7.2.4 本周品牌排行前十

用户可以从中看到平台中本周品牌排行前十的商品名,如图 7-5 所示。

本周品牌排行前十

1.威古氏(VEGOOS)
2.帕森(PARZIN)
3.天堂伞
4.INMIX
5.海伦凯勒(Helen Keller)
6.百飒(BYZA)
7.mgdol
8.傲龙(RORON)
9.战地吉普
10.森马(semir)

图 7-5 本周品牌排行前十

7.2.5 本周商店排行前十

用户可以从中看到平台中本周商店排行前十的商店名,如图 7-6 所示。

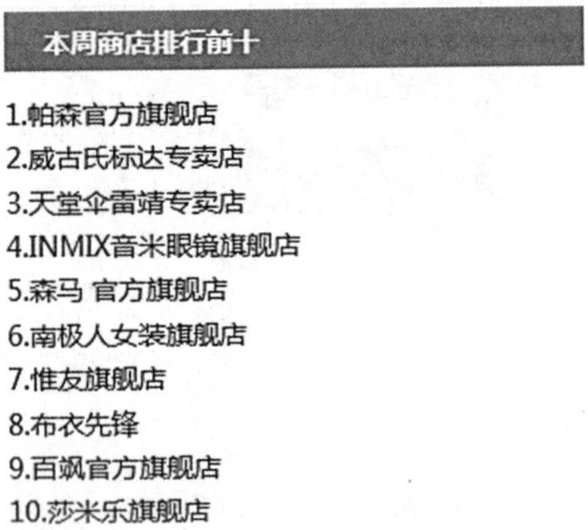

本周商店排行前十

1.帕森官方旗舰店
2.威古氏标达专卖店
3.天堂伞雷靖专卖店
4.INMIX音米眼镜旗舰店
5.森马 官方旗舰店
6.南极人女装旗舰店
7.惟友旗舰店
8.布衣先锋
9.百飒官方旗舰店
10.莎米乐旗舰店

图 7-6 本周商店排行前十

7.3 平台分析

7.3.1 热销分析

具体内容有热销品牌统计、热销商品统计、热销店铺统计等,详细介绍如下。

1. 热销品牌统计

在这个平台中,用户可以看到热销品牌的统计,通过鼠标点击不同品牌的名称,可以看到该品牌的销量与昨日名次,以及用户购买后的评价比率、近期的品牌销量,如图 7-7 所示。

热销品牌统计

品牌排行			
名次	名称	销量/万	昨日名次
1	威古氏	13.6197	新上榜
2	帕森	13.3313	新上榜
3	天堂伞	12.0346	新上榜
4	INMIX	6.0264	新上榜
5	海伦凯勒	5.5839	新上榜
6	百讽（BYZA）	5.1572	新上榜
7	mgdol	4.7174	新上榜
8	傲龙	4.5631	新上榜
9	战地吉普	4.4221	新上榜
10	森马（semir）	4.3941	新上榜

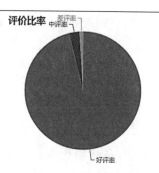
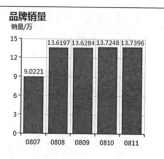

图 7-7 热销品牌统计

2. 热销商品统计

在这个平台中，用户可以看到热销商品的统计，通过鼠标点击不同的商品名称，可以看到该商品的销量与昨日名次，以及用户购买后的评价比率、近期的商品销量，如图 7-8 所示。

热销商品统计

本周排行			
名次	名称	销量/万	昨日名次
1	帕森	4.0986	新上榜
2	威古氏	4.0466	新上榜
3	帕森	2.6544	新上榜
4	MGdoL休闲裤	2.4363	新上榜
5	璟酷2016裤子男	2.1032	新上榜
6	比菲力春夏装纯	1.9698	新上榜
7	威古氏	1.9107	新上榜
8	皓顿	1.91	新上榜
9	天堂伞 三折轻质	1.733	新上榜
10	惟友加绒加厚打	1.666	新上榜

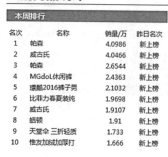
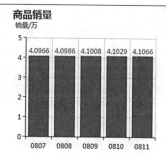
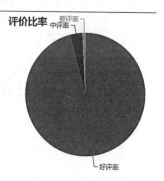

图 7-8 热销商品统计

3. 热销店铺统计

在这个平台中，用户可以看到热销店铺的统计，通过鼠标点击不同的商品名称，可以看到该店铺销量与昨日名次，以及用户购买后的评价比率、近期的店铺销量，如图 7-9 所示。

热销店铺统计

本周排行			
名次	名称	销量/万	昨日名次
1	帕森官方旗舰店	13.0657	新上榜
2	威古氏标达专卖	12.4633	新上榜
3	天堂伞雷靖专卖	11.7381	新上榜
4	INMIX音米眼镜	6.0264	新上榜
5	森马 官方旗舰店	5.2264	新上榜
6	南极人女装旗舰	4.2024	新上榜
7	惟友旗舰店	3.6523	新上榜
8	布衣先锋	3.6224	新上榜
9	百讽官方旗舰店	3.5422	新上榜
10	莎米乐旗舰店	3.3929	新上榜

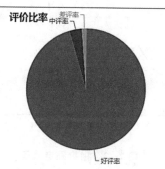
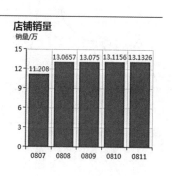

图 7-9 热销店铺统计

7.3.2 平台分析

选择时间范围,从而查询总销量/销售额走势表,如图 7-10 所示。

时间范围: 2016-08-26 ▦ - 2016-09-18 ▦ 查询

图 7-10 时间范围

点击"查询"后,出现如图 7-11 界面,条状物代表总销量,折线代表营业额,横轴代表着日期,左边纵轴代表总销量的数量,右边纵轴代表营业额。

总销量/销售额走势表

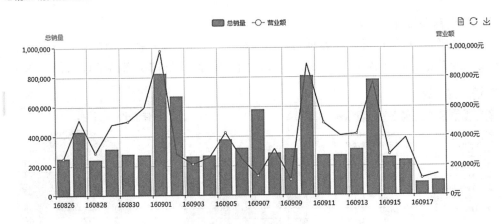

图 7-11 总销量/销售额走势表

在图 7-11 中,用户可以点击各按钮,看是否显示所对应的数据,如图 7-12 所示。

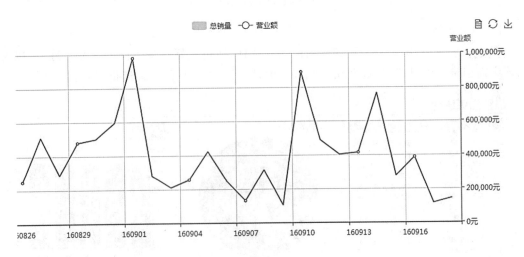

图 7-12 销售额走势表

在图 7-11 中,用户可以看到如图 7-13 中的三个按钮。第一个按钮可以让用户看到数据视图,如图 7-14 所示。第二个按钮还原走势图最初始的状态。第三个按钮可以让用户保存这一张走势图。

图 7-13　按钮

数据视图

	总销量	营业额
160826	252096	247436.6
160827	431924	509285.58
160828	242560	286414.62
160829	315909	477681.77
160830	280274	499017.09
160831	274820	594773.68
160901	826523	976791.11
160902	672297	280695.61
160903	264863	210690.33
160904	270372	256239.44
160905	377987	423342.63
160906	320058	246875.42

关闭　刷新

图 7-14　数据视图

7.4　分类分析

具体内容有选择分类、选择时间范围、已选分类销量、销售额每日变化趋势、已选分类热销商品排行、已选分类热销店铺排行、已选分类热销品牌排行、已选分类各个价格区间商品销售情况等,详细介绍如下。

7.4.1　选择分类

对需要查看的商品属性进行分类条件的选择,如图 7-15 所示。

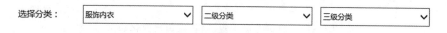

选择分类:　服饰内衣　　　　二级分类　　　　三级分类

图 7-15　选择分类

选择时间范围,从而查询已选分类销量、销售额每日变化趋势、已选分类畅销品牌排行、已选分类畅销店铺排行、已选分类畅销商品排行、已选分类各个价格区间商品销售情况、总销量、总销售额等信息,如图 7-16 所示。

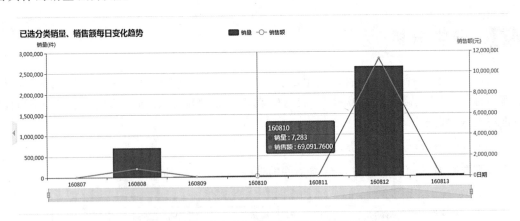

图 7-16   选择时间范围

7.4.2   选择时间范围

可对时间范围进行选择,进行分类分析。

7.4.3   已选分类销量、销售额每日变化趋势

点击"查询"后,出现如图 7-17 所示界面,条状物代表销量,折线代表销售额,横轴代表日期,左边纵轴代表总销量的数量,右边纵轴代表营业额。用鼠标放在对应的日期,可以查看具体的销量、销售额。

图 7-17   已选分类销量、销售额每日变化趋势

7.4.4   已选分类热销品牌排行

不同颜色的条状物代表不同品牌名的销量和销售额,上方横轴代表销售额,下方横轴代表销量,纵轴是品牌名。鼠标放在不同的条状物上,可以查看该品牌名的具体销量。用户可以选择"销量"和"销售额"两个按钮查询自己所需要的数据,如图 7-18 所示。

7.4.5   已选分类热销店铺排行

不同颜色的条状物代表不同店铺名的销量和销售额,上方横轴代表销售额,下方横轴代表销量,纵轴是店铺名。鼠标放在不同的条状物上,可以查看该店铺的具体销量。

用户可以选择"销量"和"销售额"两个按钮查询自己所需要的数据,如图 7-19 所示。

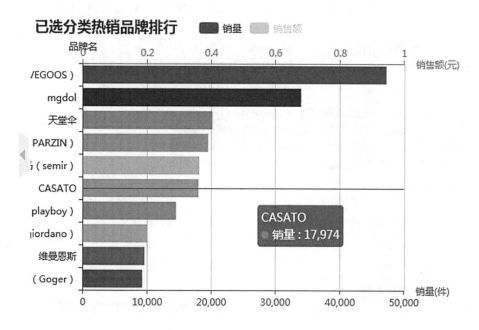

图 7-18　已选分类热销品牌排行

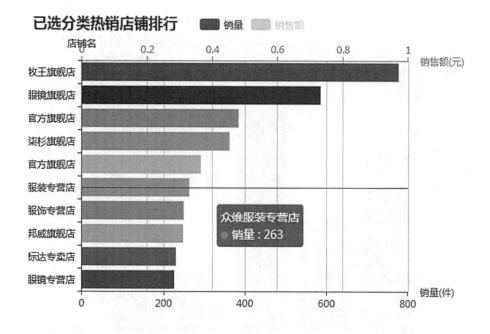

图 7-19　已选分类热销店铺排行

7.4.6　已选分类热销商品排行

不同颜色的条状物代表不同商品名的销量和销售额,上方横轴代表销售额,下方横轴代表销量,纵轴是商品名。鼠标放在不同的条状物,可以查看该商品的具体销量。

用户可以选择"销量"和"销售额"两个按钮查询自己所需要的数据,如图 7-20 所示。

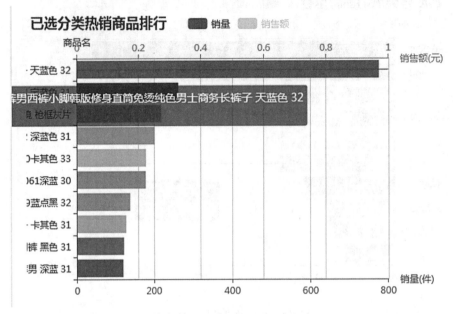

图 7-20　已选分类热销商品排行

7.4.7　已选分类各个价格区间商品销售情况

条状物代表对应价格区间的销量,横轴代表价格区间,纵轴代表销量,如图 7-21 所示。

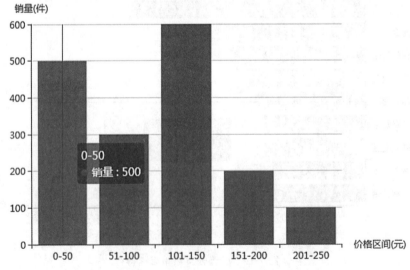

图 7-21　已选分类各个价格区间商品销售情况

7.5 品牌分析

具体内容有关注列表、品牌列表、品牌详情等，详细介绍如下。

7.5.1 关注列表

可以显示已经关注的品牌的昨日销量和昨日销售额，以降序排列。"下一页""上一页"进行翻页，操作中可以取消关注，如图 7-22 所示。

关注列表(按昨日销量、昨日销售额降序排列)				
序号	品牌	昨日销量(件)	昨日销售额(万元)	操作

页数：1/1　共 0 条数据

上一页　下一页

图 7-22　关注列表

7.5.2 品牌列表

显示品牌列表，按销量降序排列，显示序号、品牌、昨日销量、昨日销售额、操作等。"操作"可以对品牌进行关注与取消关注操作，"下一页""上一页"进行翻页，如图 7-23 所示。

品牌列表(按销量降序排列)				
序号	品牌	昨日销量(件)	昨日销售额(万元)	操作
1	ruilibeika	0	0	关注
2	百花天使	0	0	关注
3	歌雪思(gexuesi)	0	0	关注
4	好景鸟(haojingniao)	0	0	关注
5	喜莱多(xilaiduo)	0	0	关注
6	媛语兮菲(yanyuxifei)	0	0	关注
7	joelance	0	0	关注
8	谜&媚(mekoo)	0	0	关注
9	美堂庄	0	0	关注
10	esvt	0	0	关注
11	劲斗鸟(jindouniao)	0	0	关注
12	雅兰芬(yalanfen)	0	0	关注
13	宜光(yiguang)	0	0	关注
14	瑞慧	0	0	关注
15	依然之肖	0	0	关注

页数：1/1033　共 15483 条数据

上一页　下一页

图 7-23　品牌列表

7.5.3 品牌详情

在点击图 7-23 中的某一行的品牌名称后，会跳出该品牌的详细数据。在图 7-24 中可以选择时间范围，从而查询该品牌的一系列数据。

时间范围：2016-08-10 - 2016-08-18 查询

图 7-24　选择时间范围

点击图 7-24 中的"查询"后，用户可以看到如图 7-25 所示的总销量、营业额每日变化趋势。其中，右边纵轴代表营业额，左边纵轴代表总销量，横轴代表日期。

在图 7-25 中，用户可以看到如图 7-26 所示的三个按钮，具体功能与上面相同。

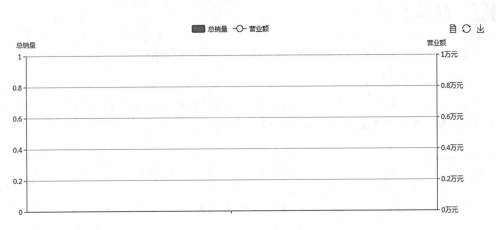

图 7-25　总销量/营业额每日变化趋势

图 7-26　按钮

　　用户还能看到品牌销售地区分布、会员比重、流量来源比重。当鼠标放在不同的省份时，会显示该省份所对应的销量或者销售额。图中的红点或者选销售额时的黑点大小代表着销量或者销售额的前十名，圆点越大代表排名越靠前。在会员等级中，鼠标放在不同的扇形，可以看到该扇形所对应的会员等级所占的比例。在流量来源中，鼠标放在不同的扇形，可以看到该扇形所对应的用户所用平台所占的比例。

　　销量与销售额可以二选一地进行所需要数据的选择。在图 7-27 中，可以设置显示在你选择销量或者销售额范围内的地区。

图 7-27　选择销量或者销售额范围按钮

　　查看该商品用户对所对应品牌的印象。鼠标放在不同的评价中，会显示评价数。评价字体越大，代表着评价此印象的用户越多，如图 7-28 所示。

品牌印象

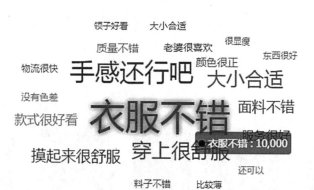

图 7-28 品牌印象

用户还能看到如图 7-29 所示的饼状图。该饼状图代表评价比重,红色扇形代表好评。鼠标放在扇形中,会显示该扇形所对应的评论数及该种评论占总评论的比例。

评价比重

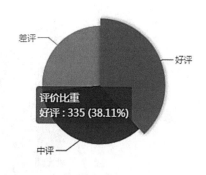

图 7-29 评价比重

用户可以查询该品牌下的店铺列表,其中可知 ID、店铺名称、操作等信息,如图 7-30 所示。

图 7-30 店铺列表

用户可以查询该品牌下的商品列表,其中可知商品名、销量、营业额、链接、店铺名、分类、操作等信息,如图 7-31 所示。

图 7-31　商品列表

用户可以查看不同价格段该品牌的商品种数，如图 7-32 所示。

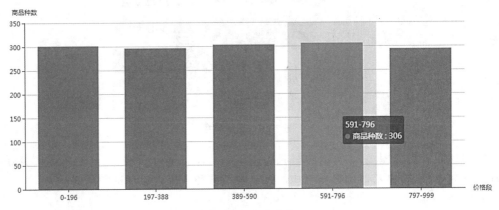

图 7-32　商品种数

用户可以查看商品销量占比，如图 7-33 所示。

商品销量占比

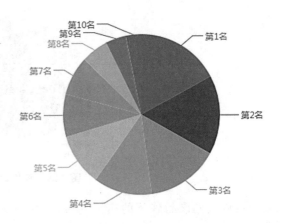

图 7-33　商品销量占比

用户可以查看销量排行前十一的商品名，如图 7-34 所示。

销量排行		
排名	商品名	销量/万
1	lifepost箭头太阳镜5069 时尚彩膜太阳眼镜复古反光墨镜潮太阳镜墨镜装饰眼镜女潮夏 亮黑白膜	103.84
2	lifepost箭头太阳镜5069 时尚彩膜太阳眼镜复古反光墨镜潮太阳镜墨镜装饰眼镜女潮夏 亮黑白膜	93.06
3	lifepost箭头太阳镜5069 时尚彩膜太阳眼镜复古反光墨镜潮太阳镜墨镜装饰眼镜女潮夏 亮黑白膜	84.23
4	lifepost箭头太阳镜5069 时尚彩膜太阳眼镜复古反光墨镜潮太阳镜墨镜装饰眼镜女潮夏 亮黑白膜	73.7
5	lifepost箭头太阳镜5069 时尚彩膜太阳眼镜复古反光墨镜潮太阳镜墨镜装饰眼镜女潮夏 亮黑白膜	68.9
6	lifepost箭头太阳镜5069 时尚彩膜太阳眼镜复古反光墨镜潮太阳镜墨镜装饰眼镜女潮夏 亮黑白膜	57.51
7	lifepost箭头太阳镜5069 时尚彩膜太阳眼镜复古反光墨镜潮太阳镜墨镜装饰眼镜女潮夏 亮黑白膜	48.5
8	lifepost箭头太阳镜5069 时尚彩膜太阳眼镜复古反光墨镜潮太阳镜墨镜装饰眼镜女潮夏 亮黑白膜	31.51
9	lifepost箭头太阳镜5069 时尚彩膜太阳眼镜复古反光墨镜潮太阳镜墨镜装饰眼镜女潮夏 亮黑白膜	24.29
10	lifepost箭头太阳镜5069 时尚彩膜太阳眼镜复古反光墨镜潮太阳镜墨镜装饰眼镜女潮夏 亮黑白膜	19.69
11	197	388

图 7-34　销量排行

7.6　商品分析

具体内容有商品分析、关注列表、商品的选择分类、搜索、商品列表、商品详情等，详细介绍如下。

7.6.1　关注列表

可以显示你已经关注商品的昨日销量、昨日销售额和评价数，以降序排列。"下一页""上一页"翻页，操作中可以取消关注，如图 7-35 所示。

图 7-35　关注列表

7.6.2　商品的选择分类

对查看的商品属性进行分类条件的选择，如图 7-36 所示。

图 7-36　商品的选择分类

7.6.3 搜索

用户可以对自己所关心的品牌或者商品名称进行搜索,查询该商品的具体情况,如图7-37所示。

图 7-37 搜索

7.6.4 商品列表

显示商品列表,该列表按照昨日销量、昨日销售额、评价数降序排列,显示序号、商品名称、销售单价、总评价数、昨日销量、昨日销售额、操作等。其中,"操作"内有关注与取消关注及与该商品对应的某电子商务链接,下方有翻页的按钮:"首页""上一页""下一页""末页",如图7-38所示。

序号	商品名称	销售单价(元)	总评价数	昨日销量(件)	昨日销售额(元)	操作
1	魔灯诚堡 2015秋冬锦纶面膜裤踩脚一体裤加绒加厚弹力修身打底保暖裤 30150903 黑色 均码	¥0	0	0	¥0	取消关注 [京东链接]
2	MARDILE玛狄乐 2016新款时尚个性男士太阳镜潮人偏光镜蛤蟆墨镜墨镜太阳眼镜开车驾驶镜 金架土豪金	¥0	0	0	¥0	加入关注 [京东链接]
3	黛丝太阳镜男款偏光镜驾驶镜男士墨镜女款蛤蟆镜炫彩明星款防索外线司机镜DoeS1237 白色偏光冰蓝片	¥0	0	0	¥0	加入关注 [京东链接]
4	海圈恩太阳镜女士偏光镜女款眼镜时尚潮流驾车镜女N6206 紫色彩片P09	¥0	0	0	¥0	加入关注 [京东链接]
5	妮雪依纯2015秋冬新品孕妇托腹打底裤秋冬加绒加厚保暖裤提花双面城孕妇保暖裤打底裤2915 小星星 L	¥0	0	0	¥0	加入关注 [京东链接]
6	丹杰仕男士修身小脚水洗休闲裤 个性裤脚罗口韩版潮男束脚裤 深蓝色 33	¥0	0	0	¥0	加入关注 [京东链接]
7	A.J.BB**A1019S1欧美秋季新款纯色西装双排口衬衫#8154 白色 S	¥0	0	0	¥0	加入关注 [京东链接]
8	A.J.BB**A1026S8韩版秋季新款全棉格子翻领长袖衬衫o0870 蓝白格 L	¥0	0	0	¥0	加入关注 [京东链接]
9	A.J.BB**B1013A19欧美秋季新品个性复古印花翻领长袖衬衫 9337# 如图色 M	¥0	0	0	¥0	加入关注 [京东链接]
10	A.J.BB**B1015A5欧美数秋季新品时尚几何条纹印花长袖衬衫 8089 如图色 S	¥0	0	0	¥0	加入关注 [京东链接]

页数:1 / 23634　共 236335 条数据　　　　　　　　　　　　　首页　上一页　下一页　末页

图 7-38 商品列表

7.6.5 商品详情

在点击图7-38中的某一行的商品名称后,会跳出该商品的详细数据。在图7-39中可以选择时间范围,从而查询该商品的一系列数据。

选择时间范围:　2016-08-07　~　2016-08-13　查询

总销量: 0 (件)　　总销售额: 0 (元)

图 7-39 选择时间范围

点击图7-39中的"查询"后,用户可以看到如图7-40所示的销量、销售额、销售单价每日变化趋势。其中,左边纵轴代表销量,中间纵轴代表销售额,右边纵轴代表销售单价,横轴代表着日期。

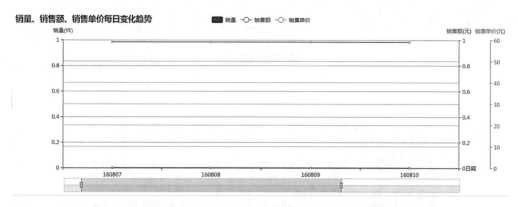

图 7-40 销量、销售额、销售单价每日变化趋势

在图 7-40 中，用户可以点击图 7-41 中的图标选择显示所需要的数据，如销量、销售额、销售单价在所选日期内的变化趋势。灰色代表不显示，有颜色代表显示该数据。

图 7-41 销量、销售额、销售单价按钮

在图 7-40 的下方，存在如图 7-42 所示的时间轴。用户可以拉动两侧，选择在用户选择的时间范围中再次选择一段时间的数据。

图 7-42 时间轴

用户还能看到商品销售地区分布、会员等级、流量来源。当鼠标放在不同的省份时，会显示该省份所对应的销量或者销售额。图中的红点或者选销售额时的黑点大小代表着销量或者销售额的前十名，圆越大代表排名越靠前。在会员等级中，鼠标放在不同的扇形，可以看到该扇形所对应的会员等级所占的比例。在流量来源中，鼠标放在不同的扇形，可以看到该扇形所对应的用户所用平台所占的比例。

销量与销售额可以二选一地进行所需要数据的选择。在图 7-43 中，可以设置显示在你选择销量或者销售额范围内的地区。

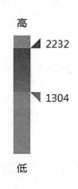

图 7-43 选择销量或者销售额范围按钮

查看该商品用户对所对应的店铺的印象。鼠标放在不同的评价中,会显示评价数。评价字体越大,代表着评价此印象的用户越多,如图 7-44 所示。

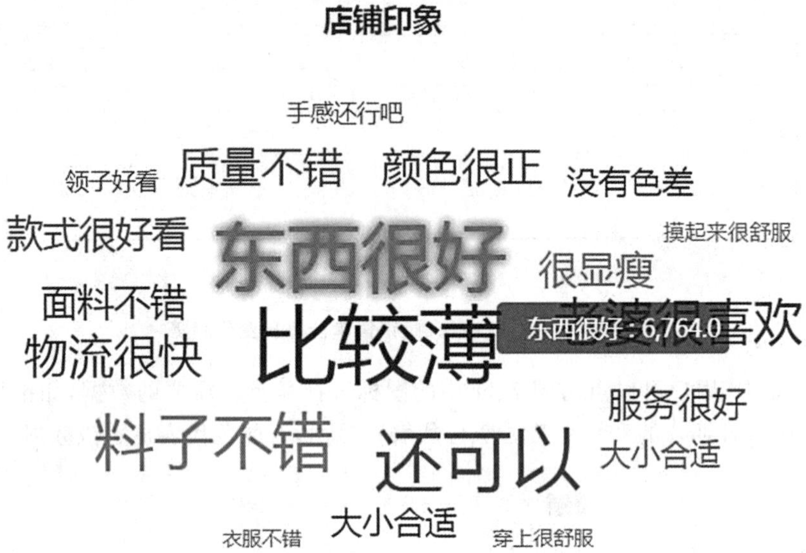

店铺印象

手感还行吧

领子好看　质量不错　颜色很正　没有色差

款式很好看　东西很好　　　　摸起来很舒服

面料不错　　　　　　很显瘦

物流很快　比较薄　东西很好:6,764.0 喜欢

料子不错　还可以　服务很好

大小合适

衣服不错　大小合适　穿上很舒服

图 7-44　店铺印象

用户还能看到如图 7-45 所示的饼状图。该饼状图代表评价比重,红色扇形代表好评。鼠标放在扇形中,会显示该扇形所对应的评论数及该种评论占总评论的比例。

评价比重

评价比重
好评:5 (100%)

好评

图 7-45　评价比重

7.7　店铺分析

具体内容有店铺分析、关注列表、商品的选择分类、搜索、店铺列表、店铺详情等,详细介绍如下。

7.7.1　关注列表

可以显示已经关注的店铺的昨日销量和昨日销售额,按照降序排列。"下一页""上一页"翻页,操作中可以取消关注,如图 7-46 所示。

关注列表(按昨日销量、昨日销售额降序排列)				
序号	店铺名称	昨日销量 (件)	昨日销售额 (万元)	操作
1	叙开户外专营店	0	¥0	取消关注
2	叙开服饰专营店	0	¥0	取消关注
3	欧雷恩品牌专卖店	0	¥0	取消关注

页数:1/2 共6条数据   上一页 下一页

图 7-46 关注列表

7.7.2 商品的选择分类

对查看的商品属性进行分类条件选择,如图 7-47 所示。

图 7-47 商品的选择分类

7.7.3 搜索

用户可以对自己所关心的品牌或者店铺名称进行搜索,查询该店铺的具体情况,如图 7-48 所示。

图 7-48 搜索

7.7.4 店铺列表

显示店铺列表,该列表按照昨日销量、昨日销售额,以降序排列,显示序号、店铺名称、昨日销量、昨日销售额、操作等。其中,操作内有关注与取消关注,下方有翻页的按钮:"首页""上一页""下一页""末页",如图 7-49 所示。

店铺列表(按昨日销量、昨日销售额降序排列)				
序号	店铺名称	昨日销量(件)	昨日销售额 (万元)	操作
1	101忠狗童装旗舰店	0	¥0	加入关注
2	212CCXII服饰旗舰店	0	¥0	加入关注
3	22旗舰店	0	¥0	加入关注
4	311官方旗舰店	0	¥0	加入关注
5	361°名邦专卖店	0	¥0	加入关注
6	361°迎风专卖店	0	¥0	加入关注
7	361度万邦专卖店	0	¥0	加入关注
8	361度童装专卖店	0	¥0	加入关注
9	361度童装官方旗舰店	0	¥0	加入关注
10	51521	0	¥0	加入关注

页数:1/1160 共11591条数据   首页 上一页 下一页 末页

图 7-49 店铺列表

7.7.5 店铺详情

在点击图 7-49 中的某一行的店铺名称后，会跳出该店铺的详细数据。在图 7-50 中可以选择时间范围，从而查询该店铺的一系列数据。

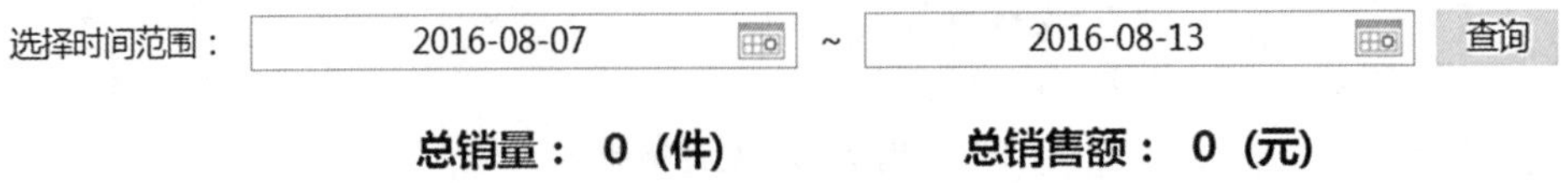

选择时间范围：
2016-08-07
~
2016-08-13
查询
总销量： 0 (件)
总销售额： 0 (元)

图 7-50 选择时间范围

点击图 7-50 中的“查询”后，用户可以看到如图 7-51 所示的销量、销售额每日变化趋势。其中，左边纵轴代表销量，右边纵轴代表销售额，横轴代表着日期。

在图 7-51 中，用户可以点击图 7-52 中的图标选择显示所需的数据，如销量、销售额、销售单价在所选日期内的变化趋势。灰色代表不显示，有颜色代表显示该数据。

在图 7-51 的下方，存在如图 7-53 所示的时间轴。用户可以拉动两侧，选择在用户选择的时间范围中再次选择一段时间的数据。

用户可以通过图 7-49 选择自己所需要查询的数据，查看店铺中热销品牌的排行，如图7-54 所示。

店铺中销量、销售额每日变化趋势
销量
销售额
销量(件)
销售额(元)
1
0.8
0.6
0.4
0.2
0
0日期
160810
销量：0
销售额：0.0000
160807
160808
160809
160810
160811

图 7-51 店铺中销量、销售额每日变化趋势

销量
销售额

图 7-52 销量、销售额按钮

160808
160809

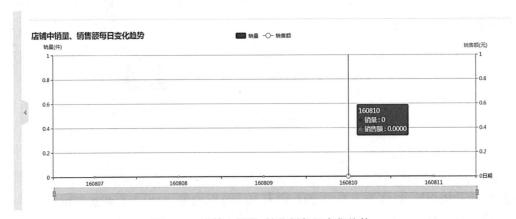

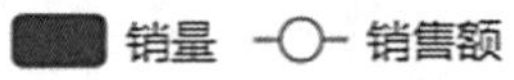

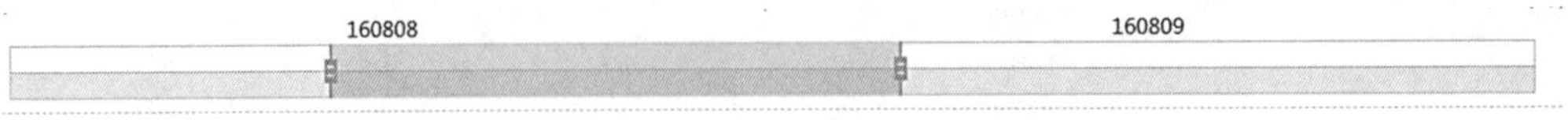

图 7-53 时间轴

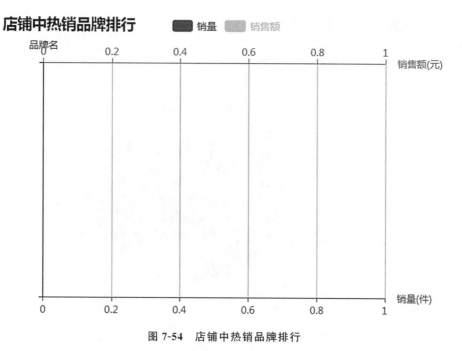

图 7-54 店铺中热销品牌排行

用户可以通过图 7-51 选择自己所需要查询的数据,查看店铺中热销商品的排行,如图 7-55 所示。

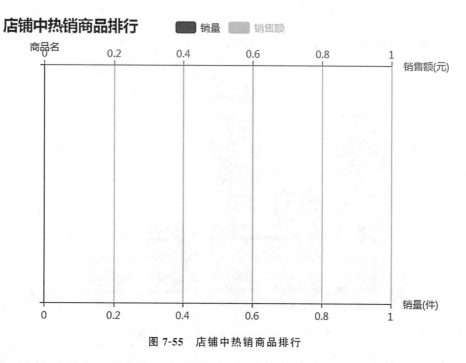

图 7-55 店铺中热销商品排行

鼠标放在不同的扇形或者环中,可以查看店铺中二、三级分类销售比重,如图 7-56 所示。

店铺中二、三级分类销售比重

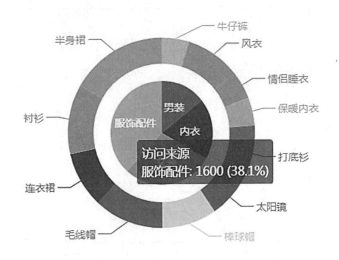

图 7-56　店铺中二、三级分类销售比重

　　鼠标放在不同的条状物中,可以查看店铺中各个不同的价格区间商品销售情况。横轴代表价格区间,纵轴代表销量,如图 7-57 所示。

店铺中各个价格区间商品销售情况

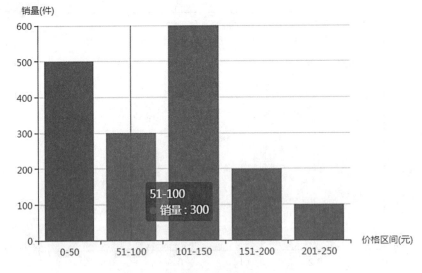

图 7-57　店铺中各个价格区间商品销售情况

　　用户可以查看店铺中商品销售地区分布、会员等级、流量来源。当鼠标放在不同的省份时,会显示该省份所对应的销量或者销售额。图中的红点或者选销售额时的黑点大小代表着销量或者销售额的前十名,圆越大代表排名越靠前。在会员等级中,鼠标放在不同的扇

形,可以看到该扇形所对应的会员等级所占的比例。在流量来源中,鼠标放在不同的扇形,可以看到该扇形所对应的用户所用平台所占的比例。

我们可以发现图 7-58 所示的三个按钮。前两个按钮与上文相同,最下方的按钮可以切换商品销售地区分布与品牌销售地区分布。

图 7-58　销量、销售额、切换到商品销售地区分布按钮

用户可以看到该商品用户对所对应的店铺的印象。鼠标放在不同的评价中,会显示评价数。评价字体越大,代表着评价此印象的用户越多,如图 7-59 所示。

图 7-59　店铺印象

用户可以看到如图 7-60 所示的饼状图。该饼状图代表评价比重,红色扇形代表好评,空白代表没有数据。鼠标放在扇形中,会显示该扇形所对应的评论数,与该种评论占总评论的比例。

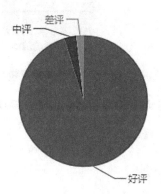

图 7-60　评价比重

用户可以看到如图 7-61 中的店铺价格区间。横轴代表价格段,纵轴代表商品种数,鼠标放置在条状物上会显示这个价格区间所对应的商品种数。

店铺价格区间

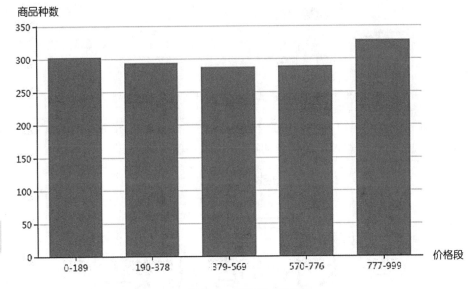

图 7-61　店铺价格区间

用户可以看到如图 7-62 所示的商品销量占比的前十,扇形越大代表排名越靠前。鼠标放置扇形上,可以观察到该扇形在这个饼状图的占比与名次。

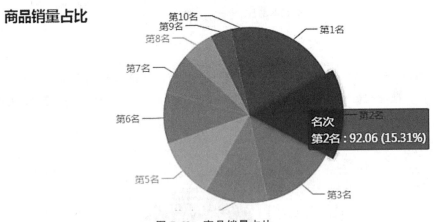

图 7-62　商品销量占比

用户可以看到销量排行前十一的商品名,如图 7-63 所示。

销量排行

排名	商品名	品牌	销量/万
1	lifepost箭头太阳镜5069 时尚彩膜太阳眼镜复古反光墨镜潮太阳镜墨镜装饰眼镜女潮夏 亮黑白膜	安踏	101.03
2	lifepost箭头太阳镜5069 时尚彩膜太阳眼镜复古反光墨镜潮太阳镜墨镜装饰眼镜女潮夏 亮黑白膜	安踏	90.11
3	lifepost箭头太阳镜5069 时尚彩膜太阳眼镜复古反光墨镜潮太阳镜墨镜装饰眼镜女潮夏 亮黑白膜	安踏	87.62
4	lifepost箭头太阳镜5069 时尚彩膜太阳眼镜复古反光墨镜潮太阳镜墨镜装饰眼镜女潮夏 亮黑白膜	安踏	79.91
5	lifepost箭头太阳镜5069 时尚彩膜太阳眼镜复古反光墨镜潮太阳镜墨镜装饰眼镜女潮夏 亮黑白膜	安踏	65.26
6	lifepost箭头太阳镜5069 时尚彩膜太阳眼镜复古反光墨镜潮太阳镜墨镜装饰眼镜女潮夏 亮黑白膜	安踏	50.19
7	lifepost箭头太阳镜5069 时尚彩膜太阳眼镜复古反光墨镜潮太阳镜墨镜装饰眼镜女潮夏 亮黑白膜	安踏	43.38
8	lifepost箭头太阳镜5069 时尚彩膜太阳眼镜复古反光墨镜潮太阳镜墨镜装饰眼镜女潮夏 亮黑白膜	安踏	35.01
9	lifepost箭头太阳镜5069 时尚彩膜太阳眼镜复古反光墨镜潮太阳镜墨镜装饰眼镜女潮夏 亮黑白膜	安踏	28.14
10	lifepost箭头太阳镜5069 时尚彩膜太阳眼镜复古反光墨镜潮太阳镜墨镜装饰眼镜女潮夏 亮黑白膜	安踏	17.17
11	190	安踏	378

图 7-63　销量排行